岩井 保著

旬の魚はなぜうまい

岩波新書

805

はじめに

白魚《しらうお》に余《よ》寒《かん》の海やいせ尾張　召波
板の間にはねけり須磨の桜鯛《さくらだい》　正岡子規
藻《も》の香してすなはち鮎《あゆ》をたうべけり　飴山 実
目には青葉山ほとゝぎす初鰹　素堂
秋刀魚《さんま》焼く煙の中の妻を見に　山口誓子
あら何ともなやきのふは過てふくと汁　芭蕉
鮟鱇《あんこう》の骨まで凍《い》ててぶち切らる　加藤楸邨

これらはみな歳時記に収録されている俳句である。季語と魚の旬とは必ずしも一致しないこともあるが、古今の著名な俳人は四季の魚を見事に詠んでいる。

温帯に位置して暖流と寒流の影響を強く受け、世界でも有数の漁場を控えた日本では、海にも、川にも、湖にも、いろとりどりの魚が生息していて、人々は古くから手近の魚をとって、動物タンパク質の摂取源としてきた。

古代日本の漁は、主として、釣り、あるいは獲物を突き刺す簎《やす》、川に木や竹の柵をつくり、魚を一ヵ所に誘導してとる梁《やな》などによるものであった。それを裏書きするように、石器時代の貝塚からは、多数の魚の骨や、動物の骨で作った釣り針などの漁具が見つかっている。季節を代表する海の幸や、川の幸も、多くは釣りによって漁獲されていたようで、『万葉集』には、

荒栲《あらたえ》の藤江の浦に鱸《すずき》釣る白水郎《あま》とか見らむ旅行くわれを　柿本人麿(巻三／二五二)

など、スズキをはじめとして、数種の魚の釣りの場面が登場する。

時世を経て、西行法師の『山家集』にも、

伊良胡崎《いらござき》に鰹釣り舟並び浮きてはかちの浪に浮かびてぞ寄る

と、釣り漁業の光景が詠まれている。こうして私たちの祖先は魚食の下地を築いてくれた。

その魚であるが、動物分類表の序列では、脊索《せきさく》をもつ脊索動物のなかでは、下から三番目に位置する。最下位のホヤの仲間の次がナメクジウオの仲間で、魚はその一段上に名をつらねる

が、脊椎動物のなかでは最下位の順位に甘んじている。しかし、魚は地球上の水のある所ならどこにでも生息していて、種数では哺乳類をはじめとする脊索動物のどの分類群と比較しても、群をぬいて多い。魚の種数は、全世界では二万五〇〇〇種とも三万種ともいわれる。そして日本の淡水および近海に生息する魚は、わかっているだけでも、実に三八〇〇種以上に上る。

種数が多いだけに、各魚種の勢力は千差万別で、わずか数匹しか採集されていない珍種もいるし、マイワシのように、豊漁の時期には年間四〇〇万トン以上の漁獲量を記録した魚もいる。大きさも、体長わずか一センチそこそこで産卵するハゼの仲間から、全長十数メートルに達する超大型のジンベエザメまで、あらゆるサイズがそろっているといって過言ではない。姿かたちは多彩だし、生息場所もまた千差万別である。

多種多様に種分化した魚の国の歴史は古く、鱗《うろこ》の化石をたどると、遠く約五億年前のカンブリア紀までさかのぼる。その後、「魚類の時代」とさえいわれる三億数千万年~約四億年前のデボン紀になると、魚の仲間は多くの系統に分かれて繁栄し、両生類への橋渡し役も現れた。さらに三億年以上の長い年月にわたって、栄枯盛衰を重ねた末の子孫が現在の魚の仲間であるが、その間の進化の道程には、まだ解きあかされていない謎が残っている。

何万種にもおよぶ魚の系統の相互関係はきわめて複雑で、これを簡潔に整理するのは容易で

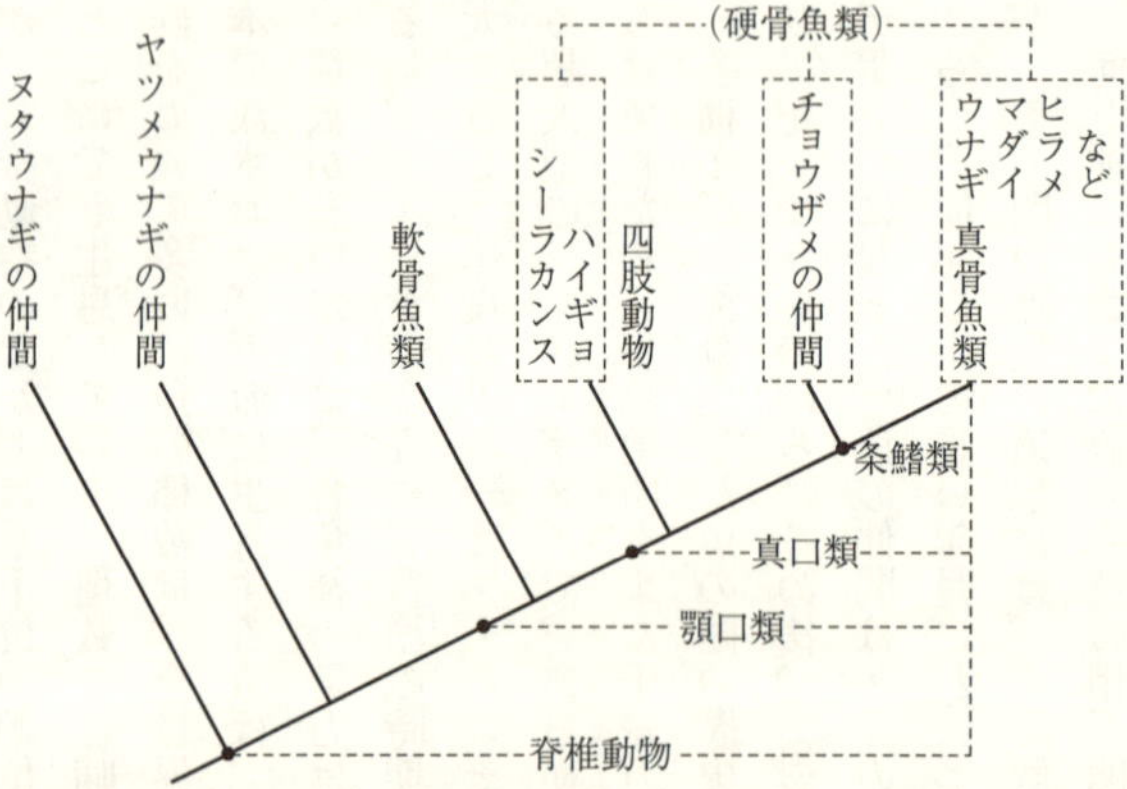

現存魚の系統概略図

はない。広義の魚の仲間をおおまかに分けると、顎《あご》も肋骨《ろっこつ》もないヌタウナギの仲間やヤツメウナギの仲間、高級ふかひれで名高いヨシキリザメや、煮こごりがうまいアカエイなど、骨組みが軟骨だけからなるサメ・エイの仲間を主体とする軟骨魚類、および新巻《あらま》きのサケ、慶事に不可欠のマダイ、「てっちり」のトラフグなどのように、硬骨の骨組みをそなえ、俗に硬骨魚類とよばれる分類群になる。このうち私たちに顔なじみの魚は、硬骨魚類とよばれる分類群のうちの真骨《しんこつ》魚類に属すると思ってまずまちがいない。魚の総種数の九五%以上がこの仲間だというから、当然のことかもしれない。

豊富な魚に恵まれた日本では、桜が咲きほころぶ春にはマダイ、緑鮮やかな夏にはカツオやアユ、名月をめでる秋にはサンマやマサバ、寒波が押し寄せる冬にはブリやトラフグ、というように、四季おりおりの名のとおった魚は枚挙にいとまがないほどある。季節の移り変わりに合わせるように、有名・無名の魚が入れ替わり立ち替わり豊富に出回り、人々は魚の名を聞くだけで季節のうつろいを感じることができた。

ところが、漁船の性能が画期的に向上し、漁獲技術もいちじるしく進歩し、冷凍・冷蔵設備が整った今日では、漁法は多様化し、漁場は沿岸から沖合へ、沖合から遠洋へと広がり、市場に水揚げされる魚の種類は年とともに増えてきた。これに輸入される魚が加わり、家庭の食事だけでなく、レストランの料理や駅弁などで、私たちは知らず知らずのうちに世界中の魚を食べるようになった。

さらに、カツオのたたきや、ウナギの蒲焼を年中食べられるようになって、昔のように季節感のある「旬の魚」がなくなったという声をよく耳にする。私たちが食用に供する魚の種類が豊富になり、しかも季節を問わず入手できるようになるにつれて、「旬」という語感が薄れてきたことは事実である。

しかし、一方では日本の各地に伝統的に受けつがれている郷土の味ともいえる魚がある。たとえば、本場の土佐に伝わる「藁《わら》焼き」や「カヤ焼き」のカツオのたたきには独特の風味があり、土地の人は特製の「たれ」をつけて食べる。

「カヤ焼き」のたたきについて、俵万智さんは、『九十八の旅物語』に、

新鮮な魚は刺し身が一番――この言葉に対抗できる料理は、そう多くはないだろう。その稀な例がカツオのタタキだと、今の私なら断言できる。

一分で燃えつきる火にあぶられて輝く魚をタタキと呼べり

と歌を添えて特記し、その味を、「刺し身のうまさに、焼き魚の香り。思えばぜいたくな一品である」と表現している。

日本全国を見わたすと、北方系の魚が多い地方と、南方系の魚が多い地方とがあり、食卓でなじみのある魚は地方によってちがう。また、日本近海を回遊する魚は季節の変化を追うように南北に回遊したり、沿岸の浅場と沖の深場の間を行き来するので、同種でありながら、地方によって漁期は多少ずれ、水揚げ量にもちがいがある。時期によって同じ魚でも肉質が微妙にちがうこともあって、ある地方では珍重されるのに、別の地方ではさほど人気がない魚もある。

そして、その地方を代表する魚と、その旬の時期は、人々の脳裏に深く刻み込まれている。職場の異動が全国的な規模に広がり、人の動きが頻繁になった昨今でも、人々の味覚は意外に保守的で、世間では季節の魚がなくなったといわれるが、故郷を思い出させる「旬の魚」はしっかりと生きている。

このように十人十色の好みの味を満たしてあまりある多様な魚には、それぞれ独自の生活様式があり、姿かたちが変化に富むように、種によって生息場所、行動、食性、産卵期などにもちがいがある。これらの要因は直接、あるいは間接的に魚体の特性に影響をおよぼす。

魚の生態に関する書物は多いし、魚の料理に関する書物も多い。しかし、食材としての魚の特性と、その魚の生物学的特徴とのかかわりに言及した書物は多いとはいえない。本書では、そのあたりに焦点を合わせてみたい。

旬の魚はなぜうまい

目　次

目　次

1

マグロのトロ ヒラメのエンガワ

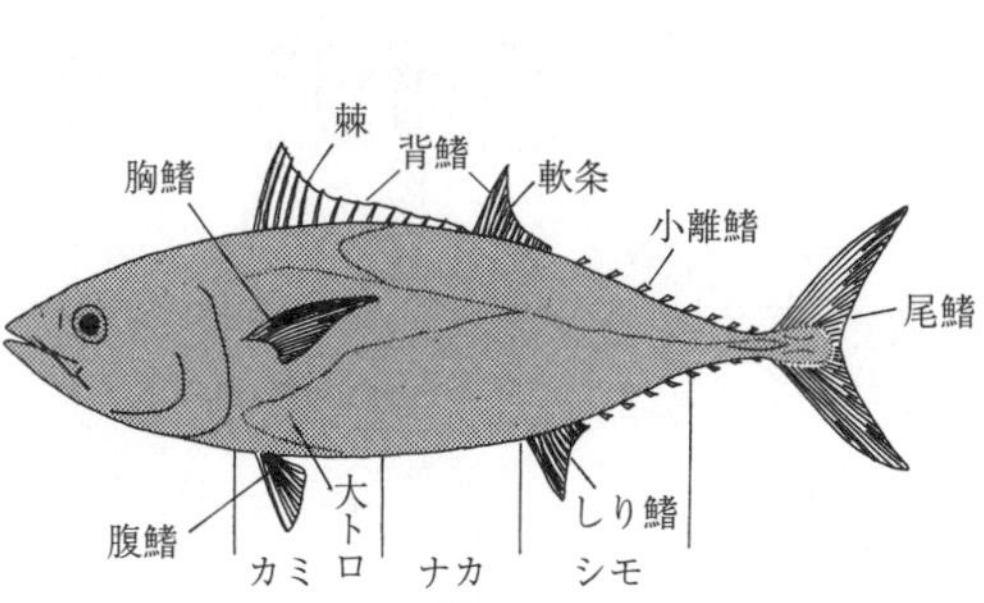

クロマグロの鰭《ひれ》などの名称と位置

赤身の魚と白身の魚

ある日、すし店のカウンターにすわると、

「トロとヒラメをにぎって」

と、近くで若い女性客の声がした。

すし職人の心がまえについて一家言をもつ池波正太郎さんは『食卓の情景』で、

> 小生意気な、若い職人が客を見下しながら仕事をしている。
> 「今日は、何がうまいかね?」
> 問うや、そいつが、
> 「まあ、まぐろかひらめの類いだね」
> と、いう。そのまぐろのひどいこと。食べられたものではない。

と、すし店の雰囲気の変容ぶりに苦言を呈しているが、マグロとヒラメは、すし種のよしあしを問わなければ、どこのすし店でもにぎってくれる。

信頼できるすし職人が吟味したマグロのトロは深みのある赤い身で、ほどよく脂《あぶら》がにじんで、とろりとした味が口内に広がる。ヒラメはやや飴色をおびた白い身で、まろやかな淡白な味が舌に残る。マグロは赤身の魚、ヒラメは白身の魚といわれるが、この色合いのちがいには両種の生活様式が深くかかわっている。

私たちが刺身にしたり、フライにして食べる魚の身は、魚体の大半を占める体側筋《たいそくきん》とよばれる筋肉で、これが魚の遊泳運動の原動力となる。魚の皮膚をとりのぞくと、体側筋の表面が現れ、多数のWという文字を横に倒したような筋節《きんせつ》が前後にならぶ(五ページの図参照)。真骨魚類では筋節の数は脊椎骨《せきついこつ》の数とほぼ一致するから、マダイのような標準的な魚では二四個前後、ウナギのように極端に細長い魚では一〇〇個以上ある。ほとんどの魚は遊泳時に、体側筋のはたらきで体の後半部を左右に振って前進する。とくにマグロの仲間やブリのように泳ぎの名手といわれる魚は、尾部《びぶ》と尾鰭《おびれ》を強く振って推進力を得る。

体側筋を構成する筋節は多数の筋肉の束によって構成され、それぞれの束は骨格筋の筋繊維の束が集まってできている。一つ一つの筋繊維は細胞に相当し、細胞質に当たる筋形質と、その中に含まれる多数の細い筋原繊維によって構成されている。筋繊維は筋内膜によって保護され、筋繊維の束は筋周膜によってたがいに強固に結びつくが、これらの膜はコラーゲンとよばれる繊維性タンパク質の組織である。各筋節もまた筋隔という名のコラーゲン組織によって強固に結ばれる。

魚の胴体を輪切りにすると、体側筋の断面が現れる。表面の皮膚の下には赤みをおびた筋肉の薄い層がある。この筋肉層は表層血《ち》合肉《あいにく》とよばれ、体側表面の中央部あたりで、やや厚くなって内側へくいこんでいる。表層血合肉の内側には白みをおびた筋肉の束が並ぶ。ここは、普《ふ》通肉《つうにく》とよばれる部分である。赤みをおびた血合肉は赤色筋によって構成され、白みをおびた普通肉は主として白色筋によって構成される。

赤色筋を構成する筋繊維は細い。横断面の直径は種によって、また、栄養状態によってもちがうが、ニシンで約一八マイクロメートル、大西洋のマダラで約五〇マイクロメートル、マサバで約二二マイクロメートル、ツノガレイの仲間で約三五マイクロメートルとなっている（一マイクロメートルは一ミリの一〇〇〇分の一）。赤い色は、ヘモグロビンと同じように酸素を取り込む能力をもつ色素タンパク質のミオグロビンが多く含まれることによる。ＡＴＰ（アデノシン三リン酸。生物のエネルギー源となる物質）を合成するミトコンドリアや、脂質も多く含まれる。また、多くの毛細血管に囲まれていて、ミオグロビンが血液中から酸素を取り込みやすくなって

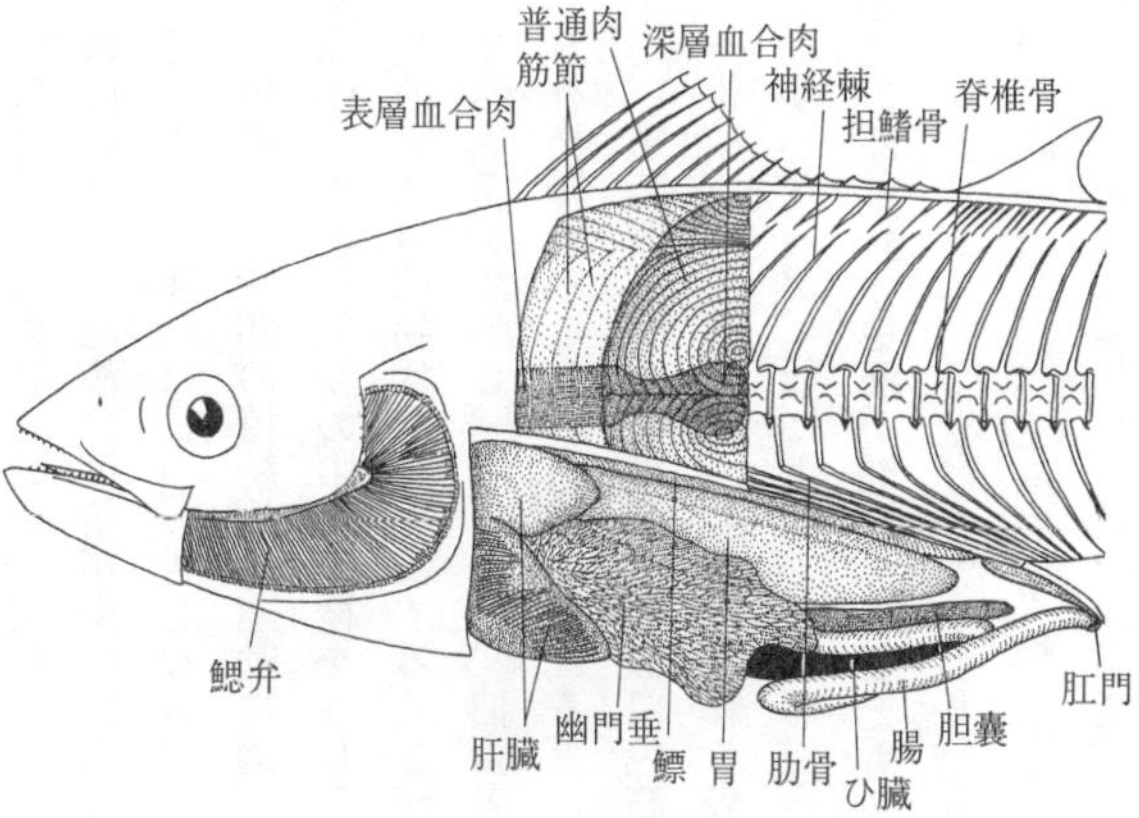

クロマグロの解剖図

いる。

　赤色筋は血液から酸素を取り入れ、脂質やグリコーゲンを効率よく使って、ミトコンドリア内で合成されるＡＴＰからエネルギーを得て収縮する。したがって、血液の循環が途絶えないかぎり、赤色筋は休むことなく運動をつづけることができる。

　白色筋を構成する筋繊維は太く、横断面の直径はニシンで約四二マイクロメートル、マダラで約一三〇マイクロメートル、ツノガレイの仲間で約一六〇マイクロメートルとなっている。血管の分布が少ない白色筋は力強く収縮するが、血液の供給が不十分なうえ、ミトコンドリアも少ないので、筋形質に含まれるグリコーゲンをおもなエネルギー源として、酸素を使うことなく、解糖系のはたらきによって生じるＡＴＰからエネルギーを得て収縮する。出力は赤色筋より数倍強いが、血液の供給が少ないので、運動によって生じる乳酸の分解が進まず、すぐに疲れてしまい、運動は長つづきしない。

赤色筋は長時間の持続的な運動に適しており、白色筋は短時間の激しい運動に適している。遊泳中の魚の体側筋の中へ電極をさしこんで、赤色筋と白色筋の活動電位を記録すると、それぞれの筋肉の活動状況を比較することができる。魚が巡航速度で泳ぎつづけている時には主として赤色筋が活動し、摂食時や、捕食者から逃れようとして急発進する時には、白色筋が大きな力を発揮することが記録に現れる。このように、マラソン型の持続的な遊泳には赤色筋が、また、短時間の突進型の遊泳には白色筋が、それぞれ主役を演じている。

一般に、赤色筋によって構成される表層血合肉の部分は、白色筋を主成分とする普通肉の部分より小さいが、種によって、表層血合肉の層の厚さの割合にちがいがある。種によっては普通肉の部分に赤色筋が混在することもある。体側筋中の血合肉の重量はコイで二・七％、ボラで九・三％、マアジで六・五％、ブリで九・〇％、シロギスで一・二％、ヘダイで三・二％、マサバで八・四％を占め、一〇％を越えることはほとんどない。また、多くの魚では、表層血合肉が占める面積は体側筋の横断面が最も大きい胴体の部分で最も広く、体の前後へ向かって狭くなる。しかし、魚体の断面の面積に対して血合肉の占める割合は、細い尾部を強く振って泳ぐ回遊魚では、尾部で大きくなる傾向がある。

魚を体側筋の色合いによって、赤身の魚と白身の魚に分けると、マグロの仲間やカツオなどのように、絶えず泳ぎつづける魚は、表層血合肉の層が発達し、ミオグロビンの量も多く、典型的な赤身の魚といえる。カツオやマグロの仲間では、脊椎骨に近い体側筋の深部に、表層血合肉とは別に、血管に富む深層血合肉とよばれる筋肉の束が発達しているし、普通肉にもミオグロビンが多く含まれていて、体側筋全体に赤い色調が強く現れる。

赤身の魚では脂質含量が相対的に多く、遊離アミノ酸のヒスチジン含量も多い。ただ、マグロの仲間では、脂質はトロとよばれる部分に集中し、この部分を除くと意外に少ない。クロマグロの大トロとよばれる胴体腹側の筋肉(本章扉の図参照)の脂質含量は約三〇%で、背部の筋肉の一・五〜一〇%と比べるときわだって多い。

回遊性の魚でも、マサバやブリは、カツオやマグロの仲間に比べると、普通肉の色はやや淡いが、表層血合肉のミオグロビン含有率は高く、血合肉が回遊時の主要なエネルギー源になっている。

サケやベニザケの普通肉も赤みをおびるが、この色はミオグロビンではなく、カロテノイド色素のアスタキサンチンによるもので、マダイの赤い皮膚の色と同じ成分である。

赤身の魚に対して、シロギス、スズキ、マダイ、マダラ、アンコウ、ヒラメ・カレイの仲間などのように、大規模な回遊をしない魚や定着性の強い魚では、表層血合肉が少ないばかりでなく、ミオグロビンの含有量も少なく、普通肉は白みをおびているので、白身の魚とよばれる。白身の魚では脂質含量が相対的に少なく、遊離アミノ酸のタウリン含量の多いことなどが特徴になっている。

高体温のマグロ

魚は変温動物といわれる。体温は、水温が上昇すると高くなり、水温が低下すると低くなるからである。魚の呼吸器は鰓《えら》で、口の奥に位置する。鰓へ戻ってきた静脈血は、ここで呼吸のために飲み込んだ水と薄い膜をとおして接し、二酸化炭素を放出すると同時に、酸素を取り込んで動脈血となる。水中では空中より熱の移動が早いので、静脈血に蓄積された代謝熱はたちまち奪われて、ガス交換後の動脈血は水温に近い温度に冷えてしまう。こうして冷えた動脈血が体内を循環するので、魚の体温は周囲の水温の変化に応じて変わる。このような動物は外温動物とよばれる。

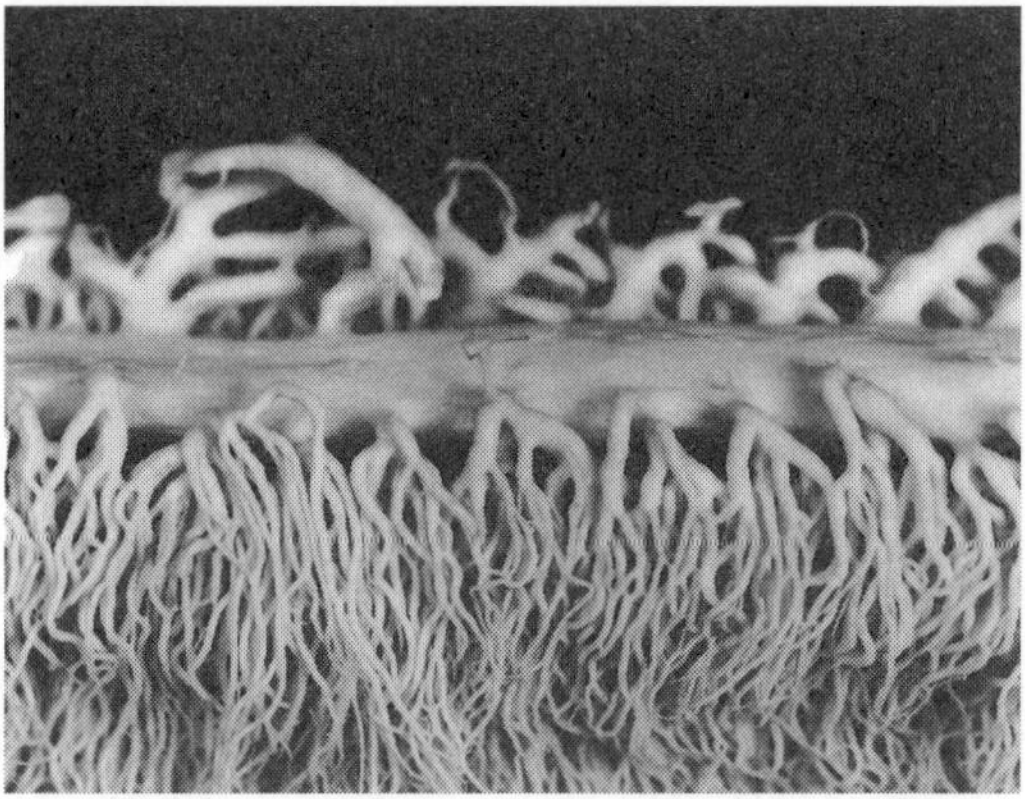

クロマグロ皮膚動脈から体側筋中へ広がる毛細血管網
(鈴木徹さん提供)

ここで、魚はみな水温の変化にともなって体温も変化すると思い込んでいる人は、定置網の中で激しく泳ぎ回るクロマグロの体に手を触れると驚くにちがいない。魚体は明らかに水温より温かいからだ。クロマグロ、メバチ、カツオなどは、体温が水温より数℃~十数℃も高くなっている。しかも、ある温度範囲内では、周囲の水温にあまり影響されることなく、体温を高く保持することができ、とくに低水温層を泳いでいる時には、水温と体温の差は大きくなっている。

クロマグロが体温を高く保持できる仕組みは、体側筋中の血管の特殊な配列にある。胸部から尾部へ向かって、体側の皮下を平行して走る動脈と静脈があり、ここから無数の毛細血管の枝が出て、たがいちがいに平行にならんで深層血合肉へ向かって網状に広がっている。この部分では、代謝熱で温まった静脈血と、鰓で冷えた動脈血が逆方向にすれちがって流れる構造になっている。この特殊な血管の配列は熱交換器として作用し、静脈血の熱は絶えず動脈血へ拡散して、この部分から逃げないので、体側筋の中心部の筋温は高く保たれる仕組みになっている。この血管系の存在は発達状態に多少の差はあるものの、クロマグロだけでなく、ビンナガ、メバチ、キハダなど、マグロの仲間に存在することは古くからわかっていて、マグロ属の分類学的な特徴として注目されていたが、この特徴ある構造は熱交換装置という重要な役目をもっているのである。

しかし、クロマグロの体温が高いといっても、体側筋の全体が高温に保たれているのではなく、熱交換装置の部分を中心とする体の深部が高温になっていて、体表へ向かうにしたがって体温は低くなり、体表に近い部分は水温に近くなる。

持続的な遊泳術ではマグロの仲間にひけをとらないカツオも体温を高く保持できるが、熱交換装置は脊椎骨直下の背大動脈を囲むように位置していて、深層血合肉の温度を高く保つ構造になっている。

体温を高く保持できる血管の特殊な配列は、スマの仲間でも確認されている。スマの仲間の成魚は熱交換装置をそなえ、少なくとも体温を水温より三℃高く保持できるが、九・六センチ以下の若魚ではこの装置が未発達で、筋温を周囲の水温よりひときわ高く保持することは不可能であるという。

後で詳しく述べるが、太平洋のクロマグロも大西洋のクロマグロも、大洋を横断するほどの大回遊をする。彼らは水温の急変を苦にすることなく、長距離を遊泳する。

長距離を持続的に遊泳するクロマグロでは、体温を高く保持できる赤色筋が重要な役割を果たす。筋肉の収縮は低温より高温のほうが効率がよい。多くの魚では筋肉の収縮速度は温度が一〇℃高くなると約二倍に加速されるが、マグロの仲間やカツオの深層血合肉では約三倍になり、その結果、筋肉の出力は三倍になることが確かめられている。こうしてクロマグロは体側筋の温度を高く保持することによって、長距離を効率よく回遊することができる。

カツオでは二五℃の温度で普通肉の白色筋と表層血合肉の赤色筋はほぼ同じ収縮速度を示し、深層血合肉の赤色筋より数倍高い出力をもつことが明らかにされている。一方、深層血合肉の赤色筋は熱交換装置のおかげで表層血合肉より温度が高いので、結果として白色筋や表層血合肉の赤色筋に近い出力をもち、長距離遊泳に有利にはたらく。さらに、赤色筋は血液から酸素の供給を受けて運動するが、その場合、筋繊維の中で酸素の取り込みと運搬の役目をするミオグロビンは筋温が高いと効率よく機能するので、この筋肉の出力の増強を助けているといわれる。このように熱交換装置をそなえるマグロの仲間などは、体内で生じる代謝熱で体温を保持できるので内温動物とよぶことができる。

持続的な遊泳をするマグロの仲間やその近縁種でも赤色筋の発達状態にはちがいがあるが、ほかの外温性の回遊魚と比べて赤色筋が特別によく発達しているとはいえない。体重に対する血合肉の割合は、カツオで約七・三〜八・四％、スマの仲間で約八・一〜一一・一％、キハダで約六・五〜七・四％、ビンナガで約四・一％となっていて、ビンナガではマサバより血合肉の占める割合は明らかに小さい。しかし、マグロの仲間は筋温を高く保持することによって、出力は増強されるとともに、筋収縮にかかわる酵素の活性も高く、効率よく泳ぐことができるのである。

すし種にうるさい職人は、延縄《はえなわ》で漁獲されたマグロを敬遠する。釣り針にかかったマグロが長時間暴れ回ったあげくに死ぬと、体温が異常に高くなって、船上に引き上げた時には、身が焼けてばさばさになり、味がないからだという。いわゆる「ヤケ（焼け）肉」の現象である。

東太平洋で夏に巻き網で漁獲されるキハダは暴れ方が激しく、「ヤケ肉」が生じやすく、アメリカでも問題になっていた。キハダが暴れると、筋繊維中のＡＴＰが減少し、筋形質中にカルシウムイオンが増えることによって、小胞体やミトコンドリアが破壊され、カルパインという筋形質を変性させるカルシウム依存性の酵素の活性が高くなり、その結果、筋ジストロフィー症状に似た「ヤケ肉」になると説明されていた。しかし、「ヤケ肉」は筋原繊維タンパク質の変性が主因であるという説が有力である。マグロの仲間は、漁獲時に暴れると、死後の筋温は異常に高くなり、同時に、筋肉中に蓄積する乳酸の影響などもあって、体側筋のpHが五・五近くまで低下するので、高温と酸性の条件下で筋原繊維タンパク質が変性して「ヤケ肉」になるというのである。またマグロの仲間以外の、体温が高くないマイワシ、ブリ、マサバなどの赤身の魚でも、高温、低pH下で筋原繊維タンパク質の変性によって「ヤケ肉」が生じるといわれ、漁獲時に魚の筋肉が高温、低pHにさらされないように、すばやく処理する必要があると指摘されている。

ヒラメのエンガワ

活魚料理の店で、白身の魚の代表格のヒラメやカレイの仲間が水槽の底で、砂の上に寝そべっていたり、潜っていると、探すのに苦労する。ヒラメの仲間とカレイの仲間は、二つの眼が体の左側あるいは右側にあるので、特別な体形に見えるが、マダイのような体形の魚が体の左側あるいは右側を上にして海底に寝ていると思えばよい。

いずれにしても、彼らは泳ぎつづけることは苦手で、体側筋には白色筋が多く、赤色筋は少なく、ミオグロビンの量も少ない。脂質含量は一・三〜二・〇%と少なく、淡白な味が喜ばれる。刺身、煮つけ、から揚げ、干物など、いずれも味にくせがない。

彼らの食性は種によって多少異なり、海底の砂に隠れている動物、海底の表面に定着している動物、あるいは海底近くを泳ぐ動物などを食べている。そして、食性のちがいにともなって、口の大きさや、体の動きにもちがいがある。

ヒラメはおもに魚をねらって捕食するが、近くを泳ぐ獲物に飛びつく時や、あわてて捕食者から逃れる時には、体の後部を海底にたたきつけるようにして急発進する。その時、体を強くくねらせると同時に、体の背側を縁どる背《せ》鰭《びれ》と、腹側の後半を縁どるしり鰭《びれ》を激しく波打たせて泳ぎ出すが、眼を上にして、体を横にしたままで進むので奇妙な泳ぎ方になる。

ヒラメ・カレイの仲間の背鰭としり鰭の軟条《なんじょう》数は多く、鰭を支える多数の担鰭《たんき》骨《こつ》という名の小骨が、それぞれの鰭の基部の皮下に一列にならぶ。ヒラメでその数は背鰭の基部に約八〇本、しり鰭の基部に約六〇本ある。この小骨に付着して、鰭を波打つように動かす多数の筋肉が、しま模様をつくってならび、体の背側と腹側の縁に沿って細い帯のように横たわっている。こ

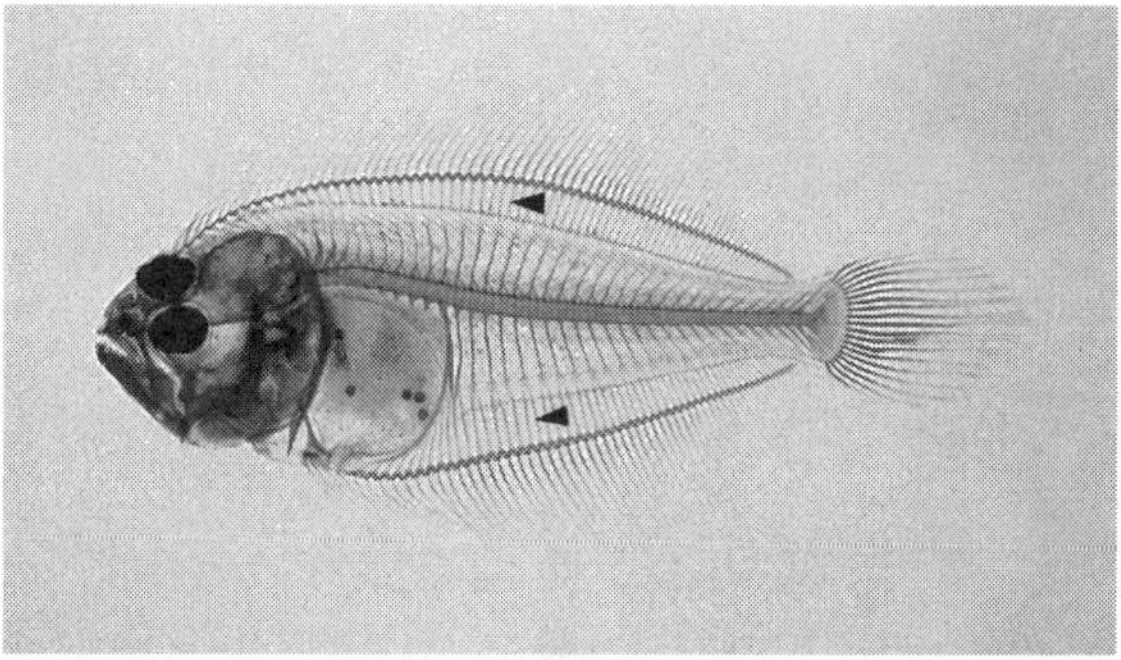

着底期のヒラメ稚魚の骨格．矢印はエンガワを支える背鰭およびしり鰭の担鰭骨の列を示す

の筋肉の帯は、和風家屋の座敷の外側に沿って設けられた細長い板敷きの縁側になぞらえて、ヒラメの「エンガワ」とよばれる。鰭を活発に動かすこの筋肉は量は少ないが、コラーゲン繊維で補強されていて、はじくような歯触りと、上品なうま味が美食家を魅了する。

海底に休息している魚が瞬発力の強い白色筋を使って急発進するといっても、その時の体の動きは複雑である。たとえば、水底に密着している平たい木板の一端をつかんで持ち上げようとすると、一瞬、とても重く感じる。板の一端が水底から離れる瞬間に、その隙間へ水が流れ込み、板を水底へ吸着させるような力がはたらくからである。ヒラメ・カレイの仲間が頭を上げて急発進しようとする時にも、頭の下面にこのような力がはたらく。この時、彼らは口から飲み込んだ海水を海底側、すなわち眼のない側の鰓孔《えらあな》から強く押し出し、ジェット推進力によって頭を押し上げ、体側筋の強力なはたらきと、鰭の「エンガワ」の筋肉の助勢によって急発進する。

カジキの泳ぎはスポーツカーなみか

泳ぎの名手の話になると、決まってカジキが話題になる。速度は時速一〇〇キロとか一三〇キロとか、驚くほどのスピード記録の保持者のようにいわれる。これはおそらく船の上から観察して推定した速度と思われる。体長二メートルを超えるメカジキが豪快にジャンプする姿を見ると、高速艇なみの泳ぎが期待されるのもうなずける。しかし、いかに速く泳ぐ魚でも、疲労しやすい白色筋の能力には限界があり、最高速度で何時間も泳げないことはよくわかる。だから、魚の遊泳速度を高性能の自動車なみに「時速」で表現するのは適当でない。生物学的には単位時間、たとえば一秒間に体長の何倍の距離を泳ぐ、という表し方が広く用いられている。この表現法では、大きい個体になるほど、値は小さくなる傾向があるが、魚の遊泳能力を比較するうえで大きな障害にはならない。

実験用のトンネル水槽中で水流の速さを変えて、魚の最高速度を測定すると、流線型の魚では毎秒約一〇体長になるが、その持続時間はわずか一秒あまりで、一〇秒後には五体長／秒、二〇秒後には四体長／秒というように、遊泳速度は急に低下し、三～四体長／秒の速度に低下すると安定する。この安定値は魚の持続遊泳速度に近いと考えてよい。

この結果を体長二メートルのメカジキに当てはめて計算すると、持続遊泳速度は時速二一・六キロ、最高速度は七二キロということになる。だが、大西洋を泳ぐメカジキの体に超音波発信機をつけて追跡した研究によると、遊泳速度は時速一・五～五・五キロで、最高でも八・一キロであったというから、メカジキの巡航速度の記録は期待されるほど速くないようだ。もちろん、小魚の群れを襲う時には瞬間的に猛スピードで突進するが、ふだんは速度を上げたり下げたりしながら、泳ぎつづけているにちがいない。

カジキの仲間は、カツオやマグロの仲間と比べると体が長く、力強い泳ぎをするわりには、ややスピード感に欠ける体形をしている。理論的には体高（背腹方向の長さ）を体長で割った値が、〇・二〇～〇・二八の流線型の魚が理想的な高速遊泳魚の体形とされている。クロマグロは〇・二八、マダラは〇・一六、ウナギは〇・〇五という値になっている。メカジキはこの値が〇・二四で、マグロの仲間に劣らず、高速遊泳魚の部類に入る。しかも、体の軸となる脊椎骨の神《しん》経棘《けいきょく》（とげ）はほかの魚とちがって板状で、前後につらなっていて、体を強く左右に振ってもびくともしない。尾鰭は三日月形で、これも尾部を強く振って速く泳ぐ魚の特徴と一致する。

ところが、カジキの仲間の鼻先には、長い剣のような突起が突き出ていて、泳ぎの邪魔になるのではないかと気になる。この剣は、魚やイカの群れに突っ込んで、獲物を切り裂いて食べるのに役立つと説明されている。また、メカジキが暴れて、この剣を木船の底に突きとおして沈没させたという記録も残っていて、「カジキとおし」という別名がある。水深六〇〇メートルに潜行中のアメリカの潜水艦がメカジキの剣で攻撃されたという報告もある。しかし、この剣の基部から後頭部にかけて急に盛り上がって太くなる形は、前進時に水の抵抗を小さくするのに役立ち、カジキの仲間のスピードアップに貢献しているという説もある。水中をすばやく泳ぐカモノハシの頭の形と似たところがないでもない。

また、メカジキは昼と夜で遊泳層が変わるという。夜間には海の表層を泳いでいるが、日の出のころから深く潜り、日暮れまでの昼間は水深四〇〇メートル、時には六〇〇メートルの深海で行動する。大西洋で行われた調査では、メカジキが泳いだ海域の水温は、表層では約二六℃であったが、水深四〇〇メートルでは一〇℃以下、水深六〇〇メートルでは五℃の低温になっていた。

カジキの体側筋には、マグロの仲間のような熱交換装置のはたらきをする血管系はない。その代わり、体側筋のやや奥の部分に赤色筋からなる血合肉があり、ここに動脈と静脈の毛細血管の網が広がり、メカジキが低水温層へ潜行した時に筋温がゆるやかに低下するようにはたらく。一方、体表近くの体側筋には血管壁の厚い動脈が走っていて、低水温層へ潜る時は収縮して、鰓で冷えた動脈血の流れを抑制して筋温の低下を遅らせるようにはたらく。逆に暖かい表層へ浮上する時には、この太い動脈は拡張して鰓からの動脈血がどしどし送り込まれて、筋温は冷却時の一〇倍の速さで上昇するようにはたらくという。冷たい深層へ潜行する時には体温はゆっくり低下し、暖かい表層へ浮上する時には体温は急速に上昇するようになっているのである。

さらにメカジキをはじめとする多くのカジキの仲間では、眼の後部の頸《けい》動脈の近くに熱交換装置の役目をする毛細血管の網が発達し、低水温層へ入っても脳と眼の温度を温かく保持できるようになっている。水温の急変によって中枢神経系の機能が乱れないように、また視力が低下しないように適応したものと考えられている。なお、これと同じような構造は、体側筋に熱交換装置をそなえるマグロの仲間や、アオザメやネズミザメの仲間にも発達している。

泳ぎ方くらべ

魚の体形にはいろいろあるが、体形がちがうと、多くの場合、泳ぎ方もちがう。マグロの仲間のように流線型の体は無駄な突出物がなく、高速遊泳に適している。マダイやイシダイは体長のわりに体高が高いので、とても高速遊泳向きの体形とはいえない。海底に定着するアンコウやヒラメはあまり動かないので、泳ぎが得意とはいえない。魚は基本的には体側筋を使って泳ぐが、かなり変則的な泳ぎ方をする魚もいる。

イシダイやメジナは岩礁地帯の複雑な海中地形に沿って、器用に向きを変えながら泳ぐ。美しいサンゴ礁の周辺を泳ぐチョウチョウウオの仲間やスズメダイの仲間が障害物をたくみに避けながら泳ぐ姿は見事である。

沿岸海域には、体高が高いタイ型の魚が数多く生息するが、このような体形の魚も基本的には体の後部の体側筋と尾鰭を使って泳ぐ。タイ型の魚の体側筋は、多くの魚と同様に赤色筋と白色筋とによって構成されるが、この体形の特徴は小回りがきくことで、かんたんに方向転換できる利点がある。体の前後の長さと体高があまりちがわない形、すなわち、方形の板あるいは円盤を立てたようなかっこうで泳ぐので、体の重心に近い部分に推進用と方向転換用の装置が集中していて、大きな水の抵抗を受けることなく、体の向きを変えることができる。また、胸鰭と腹鰭はブレーキや方向舵《ほうこうだ》として作用すると同時に、体の平衡を保つ役割も果たし、海中の地形が複雑な場所を泳ぐのに適した体形といえる。

ベラの仲間やウミタナゴの仲間などは体形はタイ型に近いが、体の尾部や尾鰭をほとんど振ることなく、すいすいと奇妙なかっこうで泳ぐ。よく観察すると、左右の胸鰭で水をかいて前進することがわかる。南極海のノトテニアの仲間なども同様の泳ぎ方をするので、この泳法は意外に多いのかもしれない。

ベラの仲間では胸鰭は付け根と先端が細くなった木の葉のような形をしていて、リズミカルに水をかいて前進する。胸鰭のこのような動きによって生じる揚力で彼らは推進力を得て、鳥が飛ぶようにして前進する。まさに海中を飛行しているかのようである。遊泳速度が増すにつれて、胸鰭を振る頻度も、水をかく面積も増大する。

フグの仲間はおもに背鰭としり鰭を左右に振って泳ぎ、ゆっくり泳ぐ時には背鰭としり鰭を同じ方向へ同時に振って前進する。また、同時に胸鰭も動かすが、この鰭は私たちの手足のように左右交互に動かす。背鰭としり鰭を左側へ倒す時は、右側の胸鰭を広げ、左側の胸鰭を後方へ倒して体側につけている状態になり、背鰭としり鰭を右側へ倒す時は、左側の胸鰭を広げ、右側の胸鰭を後方へ倒す。背鰭としり鰭の動く方向と逆方向の胸鰭を広げることによって、体の平衡を保つ。遊泳速度が増すと、尾鰭の運動も加わる。背鰭としり鰭を絶えず動かすので、その基部には直立筋と下《か》制筋《せいきん》が発達し、その根もとは脊椎骨に接している。そして、一般の真骨魚類に存在する両鰭を動かす斜走筋は退化する。

フグの仲間はハリセンボンほどではないが、体をつつかれると、海水あるいは空気を胃に相当する部分に飲み込んで膨れる。内臓を除いて乾燥させるとフグ提灯になる。体を膨らませるために柔軟性に富む皮膚と、その裏打ちとなるシート状の皮膚筋の層が大きな役割を果たす。皮膚筋は体軸の方向に並ぶ筋肉と、これに直交する方向に並ぶ筋肉の二層からなる。

マンボウは尾鰭を欠くが、フグの仲間に属する。しかし、皮膚の真皮層が厚く、体を曲げることができず、もっぱら背鰭としり鰭を左右に振って滑稽な泳ぎをする。体側筋は退化し、皮膚をはぐと、現れるのは体側筋ではなく、脊椎骨の背側にはいちじるしく発達した背びれの起立筋と下制筋の集合体が、腹側にはしり鰭の両筋の集合体が、ほとんど全面に広がっている。

「海の巾着切り」の異名をもち、釣り人をいらいらさせるカワハギは、背鰭としり鰭を波うたせて、鰭に生じる波動を後方へ送ることによって前進する。また、鰭の動きを調節してヘリコプターのように体の動きを止めたり、方向を変えることができる。釣り餌の前で立ち泳ぎをして、餌を吸ったり吐いたりしながら針からはずす特技は、この泳法によって可能になる。

軟骨魚類に属するサメ・エイの仲間にはいろいろの体形があり、泳ぎが上手なものもいるし、不得手なものもいる。真骨魚類とサメ・エイの仲間とでは、体形はもちろん、構造にも相違点が多い。大きなちがいの一つに鰭の構造がある。真骨魚類では鰭は、軟条と膜、あるいは棘と軟条と膜とからなり、鰭は広げたり、たたんだりすることができる。カツオが高速で泳ぐ時には、背鰭やしり鰭をたたんで水の抵抗を小さくすることができる。これに対して、サメ・エイの仲間の鰭は全体を皮膚に覆われ、内部はコラーゲン繊維のすじで支えられていて、広げたり倒したりすることができず、高速遊泳時でも背鰭は立てたままである。そのため、サメが海面すれすれに泳ぐ時には、背鰭だけが海面に出て不気味に水を切る。ヘミングウェイさんは名作『老人と海』(福田恒存訳)で、この情景を的確に描写している。

この魚にかなうものは一匹もいない。そいつが、いま、より新鮮な匂いを求めて追いかけてきたのだ。青い背びれが水を切っている。

老人はその影を認めるや、すぐそれが鮫であることを知った。

また、尾鰭は上葉《じょうよう》と下葉《かよう》が非対称で、ふつう上葉が大きい。サメの仲間は体をしなやかにくねらせ、尾鰭を左右に振りながら前進する。彼らは上葉が細く後方へ延びる尾鰭を、舟の櫓《ろ》を漕ぐように振って推進力を得ている。この鰭を乾燥させたものが中国料理で珍重される「ふかひれ」で、なかでもヨシキリザメやネズミザメの尾鰭などの製品は高級な食材となる。

また、遊泳中のサメの胸鰭に注目すると、胸部の下縁近くに、あたかも飛行機の水平翼のように突き出たままになっている。サメの仲間には鰾《うきぶくろ》がないので、ともすると体は沈みがちになる。水平に広げた胸鰭は高速遊泳時には体を安定させると同時に、ここで揚力が生じて体を軽くする利点がある。

アオザメ、ネズミザメ、ホホジロザメなどは、外洋の高速遊泳者として知られている。尾鰭の上下両葉は非対称ではあっても、三日月形に近く、マグロの仲間のように尾部を強く振ることができる。また、休むことなく外洋を広範囲にわたって泳ぎつづける彼らの体側筋には、マグロの仲間と同様に、熱交換装置のはたらきをする血管網が発達していて、低水温層では脊椎骨に近い部分の筋温を周囲の水温より七〜一〇℃高く保つことができる。熱交換装置の構造はマグロの仲間とまったく同じとはいえないが、基本的にはよく似ている。持続的な遊泳をする習性に適応した構造であることに変わりはない。

ネズミザメの仲間とマグロの仲間とは系統分類上かけはなれた位置にあるが、同じように長距離をマラソン選手のように泳ぎつづける両者に、同じ構造の熱交換装置が発達する事実は興味深い。

エイの仲間は体が平たく、菱形か円盤状になっている。この部分は体盤とよばれ、その左右の縁は胸鰭と合体している。つまり、体盤の両縁に胸鰭が埋め込まれたような構造になっている。この胸鰭の部分をくねらせて波打たせ、波動を順次後方へ送ることによって推進力を得る。遊泳速度が増すにしたがって波打ちの頻度と、波動の移動速度は増し、波の数は減少する。そして一回の波打ちによる体の前進距離は長くなる。

同じエイの仲間でも、体盤が小さく、尾部が発達しているサカタザメは胸鰭も使うが、同時に尾部を振って前進する。体盤が大きく、尾部が棒状のガンギエイの仲間は胸鰭を波打たせるとともに、腹鰭も動かして泳ぐ。尾部がムチ状のアカエイの仲間は胸鰭の部分を大きく波打たせて泳ぐ。さらに体盤が左右に大きく広がっているオニイトマキエイ(マンタ)など、イトマキエイの仲間は、鳥が羽ばたくように胸鰭を上下に動かして泳ぎ、左側と右側の胸鰭の動きを調節して方向転換をする。南アフリカのイトマキエイの仲間には、遊泳の原動力となる胸鰭に、動脈と静脈の血管網からなる熱交換装置をそなえるものがいて、胸鰭の運動を支える筋肉の出力を高めているという。こういう事実が次々に明らかにされているので、熱交換装置は意外に多くの遊泳性の魚に発達しているように思われる。

ウナギはなぜ蒲焼か

ウナギ、マアナゴ、ウツボなど、いわゆるウナギ型の魚は、体を砂泥底に埋没させるか、岩陰に隠れて暮らすのに適した体形といわれる。たしかに昼間、ウナギは岩穴に身を隠し、アナゴの仲間は砂に潜って、頭だけを突き出しているし、ウツボは岩陰からかま首をもたげるようなかっこうをしている。しかし、夜になると彼らは獲物を求めて活動をはじめる。

ウナギは体が極端に細長いので、高速遊泳には向いていない。手でつかみそこねて地面へ落としたウナギが、体全体をS字状にくねらせて、ヘビがはうように効率の悪い前進運動をするので、水中でも同じように体を大きくくねらせて効率の悪い泳ぎ方をするように信じられている。しかし、水中で観察すると、ウナギは体を大きく曲げるが、後半部を強くくねらせて、陸上より効率よく泳ぐことがわかる。体側筋の活動を筋電図に記録すると、遊泳速度が〇・五全長/秒程度の持続的な遊泳時には主として体の後部の赤色筋が活動するが、一・〇全長/秒の速度に上昇すると、体全体の赤色筋が活動するとともに、体の後部の白色筋も活発に活動するようになるという。

体側筋の構造は細長い体の大半を使う泳ぎ方を反映していて、赤色筋が占める割合は、体の後半部でやや大きいものの、尾部を強く振って泳ぐマグロの仲間やブリほどの変化はない。日本のウナギの脊椎骨の数は一一二～一一九個だから、筋節数もほぼ同数あるはずである。したがって筋肉の出力を無駄にしないためには、一〇〇個以上の筋節を強く結びつける必要があり、筋周膜や筋隔は強力に発達する。これらの膜の主成分となっているのはコラーゲン組織である。さらに、ウナギの皮膚には、楕円形のごく薄い鱗《うろこ》が埋没しているが、その下に体軸に対してほぼ四五度の角度で、前背方と後背方に向かってコラーゲン繊維の束が並ぶ。これらのコラーゲン繊維はウナギの遊泳時に長い体のねじれを防ぐ役目をする。ウナギのコラーゲン含量は筋肉タンパク質の八・八～一二・四％もあり、マイワシの一・六％、マアジの二・三％、マダイの二・九％、ヒラメの五・九～六・一％と比較して明らかに多い。ちなみに、ウナギと同じような運動をするマアナゴでは一一・七％で、ウナギに近い値を示す。

同じウナギでも、体が銀色になり、産卵のために海へ向かって回遊をはじめるころになると、赤色筋が増加し、体側筋の横断面で赤色筋が占める面積はそれまでの八・六％から一四・四％に増加し、尾端より少し前方の尾部で目だって増加する。赤色筋の太さも増して、出力は約三倍になっている。マグロの仲間と比べると不器用な泳ぎではあっても、長旅にそなえて持続的な遊泳に必要な赤色筋が増強されることを示している。

魚の刺身のこりこりした歯触りは筋肉の死後硬直の状態にもよるが、コラーゲン含量の影響も無視できない。ウナギの筋肉はコラーゲンの多いことがわざわいして硬いので、とても刺身では食べられない。

さらに、ウナギの皮膚の粘液や血清には毒がある。静脈注射によるマウスの半数致死量は粘液毒では三・一マイクログラム／キログラム、血清毒では〇・三〇〜〇・七九ミリリットル／キログラムで、あやまって血液が私たちの口に入ると灼熱感をおぼえ、皮膚の傷口に入ると炎症を起こすことがあるというから、ウナギは生食には向かない。

しかし、熱を加えることによってこれらの問題はすべて解決する。加熱すると、コラーゲン組織は崩壊するので、その含量が多い筋肉はすっかり軟らかくなり、液汁もあふれてうま味を増す。また、粘液毒も血清毒も加熱によって毒性を失う。

ウナギの蒲焼の歴史は古く、昔は輪切りにして串に刺して焼いていたようだ。少なくとも一八世紀前半の江戸時代には裂いて串を刺して焼いていたようで、寺島良安さんの『和漢三才図会』(島田勇雄ら訳注)には、

中くらいの鰻鱺《うなぎ》を裂いて腸《わた》を取り去り、四切れか五切れにし、串に貫いて醤油あるいは未《み》醤《そ》をつけて炙《あぶ》り食べる。味は甘香《かんばし》くて美《よ》い。

と記されている。

ウナギの毒を消し、持ち味を十二分にひきだす蒲焼は実に合理的な料理法で、私たちはビタミンAやEに富み、滋味あふれるウナギを賞味することができる。

2
春は桜鯛　秋は秋刀魚

マダイ（上）とサンマ（下）

桜とマダイ、秋風とサンマ

しかし彼女の説に依ると、形から云っても、味から云っても、鯛こそは最も日本的なる魚であり、鯛を好かない日本人は日本人らしくないのであった。彼女のそう云う心の中には、自分の生れた上方こそは、日本で鯛の最も美味な地方、――従って、日本の中でも最も日本的な地方であると云う誇りが潜んでいるのであったが、同様に彼女は、花では何が一番好きかと問われれば、躊躇なく桜と答えるのであった。(谷崎潤一郎『細雪』)

東日本ではクロマグロの消費量が多いが、西日本ではマダイに人気が集まる。とくに関西の人は、ことのほか春の桜ダイを好む。マダイの産卵の盛期は春の桜前線の北上に合わせるように、日本の南から北へ向かって北上する。この時期のマダイは桜ダイとよばれ、色は折り紙つきの美しさ、味もすばらしい。日本人好みの尾かしらつきの塩焼きはもちろん、刺身、兜煮《かぶとに》、鯛茶漬け、うしお汁など、どんな食べ方をしても最高の時期といわれる。関西では、春の鳴門《なると》の激しい渦潮《うずしお》にもまれながら瀬戸内海へ入る桜ダイがとくに有名で、昔は義理のある人に桜ダイを贈るならわしがあったくらいである。

マダイは、調和のとれた淡白なうま味で好評を博している。脂質含量は季節によって、また、成長段階によってちがうが、おおよそ二・五〜五・八％である。しかし、養殖マダイでは脂質含量は一〇％以上あり、やや、くどく感じる。

卵からふ化した子魚は浮遊しているが、約一センチの稚魚になると、マダイは水深一〇〜三〇メートルの浅海域で着底して底生生活をはじめる。秋になって水温が低下してくると、沖合へ散らばって水深五〇メートル以深の底層で越冬の準備に入る。冬季の水温低下がいちじるしい日本海側では越冬場は深く、八〇〜一三〇メートルの底層にある。

春がくるとマダイの若魚は浅海域へ来遊し、よく食べて成長し、秋になるとまた越冬場へ向かって回遊する。越冬場は成長するにつれて深くなる。マダイはこのような季節回遊を繰り返し、おおよそ四歳の成魚になると、深浅方向の移動だけでなく、底層を水平方向に広範囲に移動するようになる。いずれにしても、成魚は春の産卵期には浅海域へ寄ってくる。これが世にいう桜ダイの産卵回遊である。

あはれ
秋風よ
情《こころ》あらば伝へてよ
――男ありて
今日の夕餉《ゆうげ》に　ひとり
さんまを食《くら》ひて
思ひにふける　と。

ことさら佐藤春夫さんの「秋刀魚の歌」を引用するまでもなく、サンマは秋の魚である。今日では冷凍サンマが年中出回っていてその面影はないが、炭火を使って魚を焼いていた時代には、月の光にぬれてたなびくサンマを焼く煙は秋の風物詩になっていた。

サンマは北太平洋に広く分布し、東部に生息する集団はアメリカ太平洋岸にも出現する。日本の太平洋側に回遊してくる集団は、夏の終わりから初秋のころに、親潮の勢いに押されるように南下する。南下するうちに成熟して産卵をはじめる。冬には九州南方まで回遊するが、その後、反転して黒潮の流れとともに北上する。この間に波間にただよう海藻や木片などの浮遊物に卵を産みつける。卵膜には付着糸の束があり、これで海藻などに絡みつく。

サンマの脂質含量は北海道東方沖では多く、九月の太ったサンマでは二一％に達する。脂質は皮下組織に多く含まれる。この脂のしたたる大型サンマの塩焼きは、秋を代表する味とだれもが認める。脂質は南下するにつれて成熟と産卵に消費され、産卵がはじまると脂質含量は五％以下に減り、皮下組織の脂質はほとんどなくなってしまう。熊野灘あたりに到達するころには脂質はほどよくぬけて、サンマ漁の古い歴史をもつ和歌山県や三重県地方の名物、姿ずし向きの成分になっている。

ゆりかごとなる流れ藻とともにサンマの卵や子魚は黒潮にのって食べ物が豊富な北の海へ行って、一年で三〇センチに成長するものもいる。サンマは生産力の高い親潮海域を成育場とし、暖かい黒潮海域を産卵場とする合理的な生活をする魚といえる。

これに対して、サンマの親戚筋になるサヨリは、まったく対照的な魚である。サヨリは下顎が針のように長く突出するが、体形はサンマに似ている。サンマとちがってサヨリは日本全国の沿岸海域に生息し、産卵期は五～六月で、岸近くの藻場《もば》へ集まって卵を産みつける。卵はサンマと同じように表面に糸の束がついていて、海藻などに絡みつく。

サヨリの旬は春で、脂質含量わずか一・三％の淡白な味が売り物である。サヨリはすし種としては、背が青く、腹が銀色にかがやく「光りもの」のたぐいになるが、白身の上品な味が喜ばれる。刺身は糸づくり、吸い物は結びサヨリ、酢の物、てんぷら、と料理もサンマとちがって優美である。

南の魚、北の魚

地図を開くと、水界は大陸を取り囲んで北は北極海から南は南極海まで広がり、地球の表面積の七〇％以上を占める。鉛直的にみても、水界はエベレスト山系の高地の沼から、水深一万メートルを越える超深海底にいたるまで広がる。このように水界は水平的にも鉛直的にも果てしなく広がるので、その収容力も無限に大きく、無尽蔵の生物資源をかかえる宝庫であると信じられた時代もある。たしかに、この広大な水界には、生物にとって楽園となる所はあるが、想像を絶する酷寒の水域とか、暗黒、高圧、低酸素と悪条件が重なる深海とか、温暖ではあっても食物不足になりがちな貧栄養海域とか、あるいは有害な汚染物質を蓄えた川や沿岸海域などがあり、必ずしも水界のすべてが魚にとって快適な生息場所であるとはいえない。それでも「水魚の交わり」といわれるように、水界の各所で、魚影に濃淡はあるものの、魚はそれぞれの環境にうまく適応して生息場所を確保している。

魚の生息場所は種によってちがう。その要因はいろいろあるが、最も大きく影響するのは水温である。

多くの魚は極端な低温を避ける。しかし、冷たい海に生活の場を広げた魚もいる。南極海や北極海の過酷な低温海域に生息する魚は多いとはいえないが、たくましく生きている。南極海に生息するノトテニアの仲間には、体内に不凍物質を産生して身を守る魚がいて、氷点が約零下一・九℃という冷たい海中でも、凍死することなく暮らしている。

南極海とは反対側の北極海にも、タラの仲間などのように不凍物質を産生する魚がいる。なかには、冬の間だけ不凍物質を用意するカレイの仲間などもいて、北極圏の短い夏が過ぎ、昼間の時間が短くなりはじめると、水温の低下を予知するかのように、不凍物質を産生する準備にかかるという。

日本近海でも魚の生息場所は水温の変化と関係が深く、日本の周辺全域に広く分布する魚、北日本の魚、南日本の魚など、魚の分布様式にいくつかの特徴がみられる。

太平洋側では宮城県女川《おながわ》沖から千葉県銚子沖あたりを境界にして、北側では北方系の魚が、南側では南方系の魚が多く出現する。その主因は、日本の太平洋岸に沿って北上する黒潮の主軸がこのあたりで沖へ向かって遠ざかることにある。

日本海側では沿岸沿いに黒潮の分流の対馬暖流が北海道の沿岸まで北上するので、北方系の魚と南方系の魚の勢力分布の境界は明確でない。しかし、南方系の魚の生息場所は表層に限られ、底層には北方系の魚が多く、島根県浜田沖から朝鮮海峡あたりまで出現する。北海道南部から朝鮮海峡付近までは南方系と北方系の魚の混合海域といえる。

日本各地の魚市場に水揚げされる魚のなかでは、ニシン、サケの仲間、タラの仲間、ホッケ、ハタハタなどは冷たい海域の代表的な魚であり、ボラ、トビウオ、カツオ、タイの仲間、ハタの仲間などは暖かい海域の代表的な魚である。また、同じカサゴの仲間でも、胎生のメバルの仲間はどちらかといえば北方系で、卵生のフサカサゴの仲間は南方系といえる。ヒラメ・カレイの仲間では、種数で比較すると、カレイの仲間は北方に多いのに対し、ヒラメの仲間は南方に多く生息する。このほか、沿岸海域に広く分布する魚でも、季節によって、いい換えれば、水温の高低に合わせて多くなったり、少なくなったり、あるいは姿を消したり、と毎年ほぼ決まった動きをする。

しかし、時おり「異常冷水で魚の凍死続く」とか、「居座る黒潮、寄せる珍魚」というような新聞記事が話題になる。

山陰から北陸地方の日本海沿岸では、冬にハリセンボンが集団で打ち寄せられる「寄り」という現象が時たま起こる。南の暖かい海で生まれたハリセンボンの群れは、対馬暖流にのって日本海に入って成長するが、冬の水温低下に耐えきれず、仮死状態になって浮き上がり、北西の季節風に吹き寄せられることによって、「寄り」現象が起こる。同じく南方系のホシフグの大群が寒波によって九州北部から若狭湾あたりにかけて、海岸に打ち上げられたという記録もある。

また、冷たい水塊が暖流域に長く停滞すると、暖かい場所を好む魚は仮死状態になって浮上し、沿岸に打ち寄せられる。伊豆半島あたりでも、メジナ、ニザダイ、ブダイ、ハタの仲間などの磯魚はもとより、時には数百匹、数千匹のマサバやマイワシまで浮き上がる。逆に、黒潮が長期にわたって異常に本州の沿岸に接近すると、初冬のころでも熱帯生まれの魚が紀伊半島あたりの海を群泳していて、ダイバーの注目するところとなる。

日本海沿岸の北部でも、あちこちで、スズメダイの仲間やチョウチョウウオの仲間の群れがダイバーによって発見されるが、これは南方の温暖な海域で生まれた稚魚が対馬暖流にのって長旅をした後に、居心地のよい海域にとどまって成長した結果である。しかし、冬の日本海の低水温に耐えて生き延びることはむずかしく、この海域で繁殖することはよほど幸運に恵まれないと望めない。

川や湖の淡水魚の生息場所を左右する要因には、河川の形態、流速、湖の深さ、食物の量などがあるが、やはり水温は大きい影響をおよぼす。

温帯に位置する日本では、川の勾配が急で、流域が比較的短いので、上流と下流とでは水温に差があり、魚の分布状態にちがいがある。同じ川でも、冷水を好むイワナやヤマメの生息場所は上流に限られ、温水を好むコイやオイカワは中流から下流に生息する。

夏の水温が低く、二〇℃以下の山間部の渓流域にはヤマメ、アマゴ、北方ではイワナなどが典型的な代表種となる。中流域になると、川幅は広くなり、オイカワなどが代表種となり、カワムツ、ウグイなどが多く、アユの主たる成育場にもなる。平野部を流れ、夏の水温が三〇℃近くに上昇する下流域ではコイが代表種となって、ナマズ、オイカワ、フナ、ウグイなど、生息する魚の種数は多くなる。

川の地形も魚の生息場所と無関係ではない。上流から下流へ蛇行して流れる川では、瀬と淵が交互にあり、流れの急な瀬から、流れが淀む淵に流下する様子は流域によってかなり異なり、生息する魚の種数や個体数におよぼす影響は小さくない。

生活圏が広い魚、狭い魚

世界の海はひとつづきであっても、海域によって海流、水温、塩分、栄養塩類の量、餌生物の量などは一様ではなく、これらの条件のちがいによって魚の分布様式も異なり、その結果として、各海域に特有の魚類相が形成される。

海水魚にはそれぞれの生活に適した水温があり、適水温の海域に好漁場が形成され、漁船はそのような場所を探して操業する。魚には比較的表層に生活する浮魚《うきうお》と、おもに底層に生活する底魚《そこうお》とがあるが、これらの魚にはいくつかの特徴のある分布様式がみられる。

浮魚のなかで、遊泳力が強くて、行動範囲が広い魚の生活圏は広い。たとえば、遊泳力を誇るマグロの仲間の多くは全世界の海に広く分布している。しかし、マグロの仲間といってもマグロ属に属するすべての種が均等に分布しているのではなく、種によって分布様式は多少ちがうし、西部太平洋だけに分布するコシナガや、西部大西洋に分布するタイセイヨウマグロのように、分布域が比較的狭い種もいる。

残りのマグロ属の六種、すなわちビンナガ、太平洋のクロマグロ、大西洋のクロマグロ、ミナミマグロ、メバチ、およびキハダは、体側筋中に熱交換装置のはたらきをする毛細血管網をそなえ、体温を高く保持することが可能で、広範囲に行動するが、それぞれの分布様式には微妙なちがいがある。

キハダは熱帯海域の四五メートル以浅の表層を中心に生息し、まれに水温が急に低くなる層、すなわち水温躍層を越えて八〇メートルくらいまで潜行するが、長くはとどまらず、間もなく暖かい表層へ浮上する。メバチは温帯海域にも生息し、やや深い低水温層にも生息できる。ビンナガ、二種のクロマグロ、および南半球だけに分布するミナミマグロは高緯度海域の比較的冷たい海域へも分布域が広がっているし、水温の低い深層にも頻繁に潜る。この四種は内臓にも毛細血管網の熱交換装置が発達し、冷水域でも体温を高く保持して活発に遊泳する。キハダは内臓に熱交換装置がなく、体温保持の能力がやや劣るといわれる。メバチの体温保持機構は両者の中間の状態にある。このような特徴を重視して、彼らの種分化の過程を推察すると、マグロの仲間の発祥地は水温の高い熱帯海域にあり、キハダが最も祖先に近い種ということになる。そして熱交換装置がよく発達したクロマグロなどは遊泳能力を高め、分布域を高緯度海域へ拡大するとともに、鉛直方向へも行動範囲を広げることができたと推察されている。ただ、シトクロームb遺伝子分析の結果によると、マグロの仲間の進化の道順は多少ちがう結果になっている。

いずれにしても、高体温を保持する能力が発達したクロマグロは、太平洋でも大西洋でも長距離を回遊することでよく知られている。千葉県九十九里浜沖で標識放流されたクロマグロが

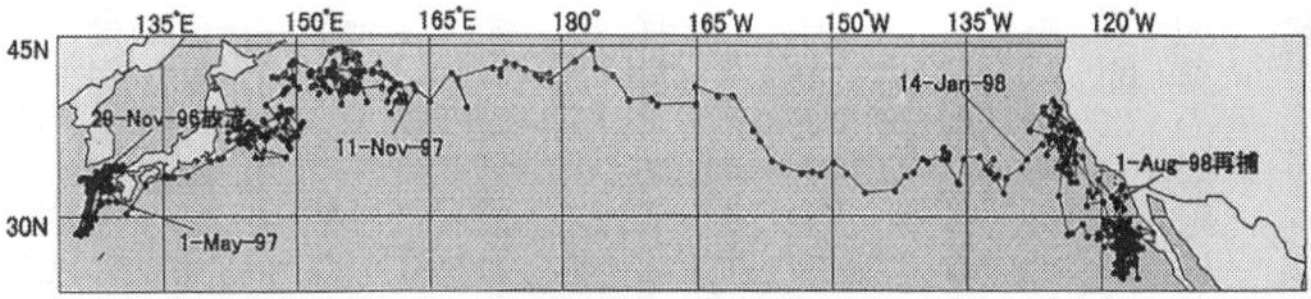

クロマグロの太平洋横断回遊の経路(山田陽巳さん提供)

約一年後に太平洋を横断して約九〇〇〇キロ離れたメキシコ西岸沖のグアダルーペ島近海で再捕されているし、逆にグアダルーペ島付近で放流されたクロマグロが五年三ヵ月後に遠州灘で再捕された記録がある。また、回遊中の位置の日時、体温、水温などが記録できるアーカイバル標識をつけて対馬近海で放流されたクロマグロが、東シナ海、本州太平洋沿岸海域、三陸沖、北海道東方沖を経て太平洋を一気に横断し、六一一日後にカリフォルニア州サンディエゴ沖で再捕されたことが報告されている。このクロマグロは休みなく、ひたすら太平洋を横断したのではなく、東シナ海、三陸沖、北海道東方沖などで滞留を繰り返した後、北海道沖からカリフォルニア沖まで一日一〇〇キロ以上の速度で一気に横断して、彼の地で滞留していたという(上図参照)。

大西洋では、熱帯のバハマ諸島沖で標識をつけて放流されたクロマグロが、五〇〜一一九日後に約七七〇〇キロ離れたノルウェーのベルゲン沖で再捕されている。また、アーカイバル標識、さらにはこれと同等の情報を記録しながら、一定の日数後に魚体から切り離されて浮上し、記録を人工衛星に送信できるポップアップ標識をつけて放流したクロマグロの行動記録は、さらに複雑な行動を知らせてくれた。すなわち、ノースカロライナ沖で放流されたクロマグロは三年あまり、この海域とニューイングランド沖の海域とを往復するが、大陸棚より沖へ出るとたびたび深く潜行し、時には水深一〇〇〇メートルまで潜るという。この期間、活発に摂食をつづけて成長し、成熟すると、わずか一ヵ月でメキシコ湾の産卵場へ回遊するという。さらに、地中海で生まれたと思われるクロマグロがアメリカ東北部の餌場で一～三年滞在して成長し、成熟すると五〇日くらいで大西洋を横断してジブラルタル海峡付近へ到達し、地中海東部の海域へ帰って産卵することを示唆する記録も得られた。こうして大西洋のクロマグロが広大な海を舞台にして生活環を完成させることを知ると、私たちは「カナダ大西洋岸のマグロがうまかった」、「地中海の大型マグロのトロが最高だ」などといって、なりふり構わず輸入して食べてはいられなくなるような気がする。

青葉のころに日本近海へ現れることで、夏の訪れを知らせる代表的な魚となっていたカツオも、世界の海に分布する生活圏の広い魚である。広範囲に回遊するカツオは太平洋では四つの集団に分かれていて、そのうちの二つの集団が日本近海へ回遊し、三陸沖の漁場では両集団が漁獲の対象になる。一つは日本の南方で生まれた西部太平洋系の集団で、南西諸島沿いに黒潮にのって来遊する。もう一つは、中部太平洋系の集団で、中部太平洋からマリアナ諸島、小笠原諸島、伊豆諸島の東側に沿って北上し、関東から東北地方の沖に来遊する。三陸沖で漁獲されるカツオの約三分の二が前者で、三分の一が後者という割合になっているが、産卵場が異なるので、両集団の間で遺伝子の交換は起こらないという。

これらのカツオは暖かい季節に十分に食べて体力をつけ、秋になって親潮の勢力が強くなると、やや沖合を南下する。この時期に常磐沖あたりで漁獲されるのが世間でいう「戻りガツオ」または「下りガツオ」で、脂質含量は六%以上あり、二%あまりの「初ガツオ」よりはるかに多い。その脂ののった味がたまらないと絶賛する美食家も多い。

同じ浮魚でも、マイワシの仲間、カタクチイワシの仲間、マアジの仲間などは沿岸海域に生息し、行動範囲はマグロの仲間やカジキの仲間のように大きくない。海洋の魚にしては生活圏は狭いほうである。彼らの分布の中心は世界の海の温帯域にあり、海域によっていくつかの種あるいは亜種に分化している。その生息範囲は表面水温の年平均がだいたい一三〜二五℃の範囲の沿岸海域にあり、これを地図上に示すと、赤道をはさんで南北両半球に分かれて東西に断続的につながる二本の帯になる。

マイワシの仲間は現在、ヨーロッパ・西アフリカ沿岸から地中海に分布する一種と、南アフリカ沿岸に一種、オーストラリア・ニュージーランド沿岸に一種、チリ・ペルー沿岸に一種、北アメリカ太平洋沿岸に一種、そして日本近海に一種、の計六種が知られている。これらの種分化の過程については、いくつかの説がある。形態的特徴とミトコンドリアDNA分析の結果を総合すると、ヨーロッパの一種と、残りの五種の間には属レベルのちがいが認められている。ヨーロッパのマイワシと南アフリカのマイワシは約二〇〇〇万年前に分化し、その後、オーストラリア、チリ、北アメリカの経路を経て、日本のマイワシが分化したという推論が多くの支持を得ている。これらの結果から、種名についても、ヨーロッパの一種と、それ以外の五種それぞれを認める説や、後者は一種にまとめて、南アフリカ、オーストラリア・ニュージーランドのマイワシをまとめて一亜種、チリ・ペルー、北アメリカのマイワシをまとめて一亜種、および日本のマイワシ一亜種、の計三亜種に分類するのが適当という説などがある。

日本のマイワシは四つの大きな地域集団に分かれていて、暖かい季節には植物プランクトンや動物プランクトンを食べながら北上し、寒くなる季節には南下する。産卵場は、太平洋側では関東地方から九州南方にかけて、日本海側では能登半島近海と山陰から北九州地方にいたる海域にある。産卵は、早いところでは一一〜一二月にはじまるが、盛期は二〜五月にある。

マイワシの資源量は数十年の長い周期で大きく変動し、極端な豊漁と不漁の波があることで有名である。興味深いことに、日本近海のマイワシの漁獲量の変動周期に同調するかのように、カリフォルニア沖のマイワシの仲間の漁獲量も同様の傾向を示すことが明らかになっている。このような変動は、サンタバーバラ海盆の海底の堆積物に埋もれている鱗《うろこ》を分類し、各年代層に出現するマイワシの鱗の数量の増減を調べ、過去一七〇〇年の間、漁業のない時代も含めて繰り返し起こっていたと推察されている。

浮魚の生活圏と比較すると、ヒラメ・カレイの仲間、アンコウなどの底魚の生活圏はあまり広くない。そして、同一種の分布域のなかでも、いくつかの地域集団に分かれていることが多い。

底層を遊泳するマダラはベーリング海、北太平洋、オホーツク海、日本海、本州太平洋岸の関東地方沖以北に分布するが、それぞれの海域でいくつかの集団に分かれている。また、定着してほとんど回遊しない根つき群と、沖合を移動する回遊群とがある。

大西洋のマダラは、カナダのニューファンドランド近海、アイスランド近海、北海、北欧のスカンディナビア半島近海などに分布するが、いずれも分離した多数の地域集団に分かれている。各集団の魚群はあまり大規模な回遊はしないが、根つき群と、回遊群とがあり、ノルウェー北部の漁場に来遊する回遊群は他の漁場で漁獲される根つき群と比べて、血合肉のミオグロビンの色調が強く、明らかに赤色筋のはたらきが活発なことを示しているという。さらに長距離回遊の記録もあり、北海の漁場で標識をつけて放流されたマダラが、回遊経路は明らかではないが、四年半の間に約三二〇〇キロ離れたニューファンドランド沿岸まで回遊して再捕されている。

群れで回遊

魚の回遊の様式は、種によってちがう。摂食を目的とする索餌《さくじ》回遊、産卵場へ向かう産卵回遊、寒さを避ける越冬回遊など、回遊の目的によって区分されることが多いが、これらは、しばしば、季節の変化に合わせるようにおこなわれるので、季節回遊ともよばれる。そして、多くの魚は大なり小なり群れをなして回遊する。群れの大きさは種によってちがうし、同じ種でも海域、季節、摂食条件などによってちがう。ニシンは時として一〇〇万匹にもおよぶ大きな群れをつくり、この大群が泳ぎ去った後の海中には、あたかも羊の大群が駆けぬけた草原に残る道のような航跡ができるといわれる。

フランスの作家ロチさんは『氷島の漁夫』(吉氷清訳)に、

そこには、何万とも知れない、同種類の無数の魚が、その果てしない旅に何か目的でもあるかのように、同じ方向に向って、しずかにすべっていた。それは、集団移動をおこなっている鱈《たら》の群で、何列ものねずみ色の線列をつくりながら、同じ方向に縦列をなして、整然と平行して進んでいた。……ときどき、突然尾ひれをひと揺れさせたかと思うと、全部がいっせいに、銀色の腹をきらめかせながら、ぱっと身をひるがえした。つづいて、同じような尾ひれの揺れ、同じような身のひるがえしは、まるで何千という金属の刃が、刃の接する両面の水に、それぞれ小さなきらめきを投げかけでもしたように、きらきらとゆるやかな波動を描いて魚群全体に伝播していった。

と、アイスランド周辺に来遊するマダラの群れの行動を見事に描写している。

魚の群れの輪郭は、帯形、長円形、三角形、だんご形、不定形など、まちまちであるが、群れを構成する魚はみな同じ方向を向いて、隣の列の仲間との間隔を一定に保ちながら、同じ速さで、統制のとれた行動をする。整然と隊列を組んだマイワシの群れでは、先頭を泳ぐ一匹あるいは数匹が突然向きを変えると、群れ全体が一斉にその方向へ向きを変えるので、群れはあたかもリーダーの号令に従って行動しているようである。しかし、群れの向きが変わると、それまで先頭を泳いでいた個体は群れの外縁あるいは内部を泳ぐ一員になってしまう。だから、魚の群れにはリーダーは不在といわれる。群れの中の一匹が何かの刺激に反応して方向を変えると、周囲の仲間はそれをすばやく感知し、同調して行動するので、たまたま最初に反応した個体がその時のリーダー役をすることになる。

群れの形や進行方向がたびたび変わることには、それなりの意味がある。プランクトンを食べる魚の群れでは、群れの後部を泳ぐ魚は、前部を泳ぐ仲間が海水を濾《こ》して摂食した跡を泳ぐことになるので、食物の配当は少ないだろうし、前部の仲間が呼吸をした後で、水中の酸素量も減っていて、息苦しい思いをするにちがいない。

ボラの大群が泳ぐ海水中の酸素量を調べた結果では、群れの後部では、酸素量は前部の九・一〜二八・八%も減っていて、群れの行動は乱れることが明らかになっている。群れの前部と縁辺部の個体は整然と泳いでいても、後部の中央部では構成員のまとまりがなくなって、なかには鼻上げをして海面をかき乱すものさえいる。酸素量は群れの前部からなだらかに減るのではなく、後部で急激に減り、その場所は群れが乱れる位置とほぼ一致するという。

しかし、魚の酸素消費量は一匹ずつばらばらでいるより、群れで泳ぐほうが少なくてすむこともわかっていて、「群れ効果」とよばれる。また、大きな群れになると、前部の個体と後部の個体はほぼ同じ速度で泳いでも、体の尾部を振る頻度は後部の個体のほうが小さいといわれる。直前を泳ぐ個体の後ろに渦流《かりゅう》が生じ、後につづく個体は渦にのって前進できるので、その結果としてエネルギーを節約でき、酸素消費量も少なくてすむことになる。

魚の群れの効用についてはいろいろの説があるが、捕食者から身を守る「防御効果」説が広く支持されている。隠れ場所が少ない外洋の表層では大きな群れをつくって、たがいに身を隠すことによって捕食者から逃れるとか、あるいは、小魚の密集した群れが巨大な化け物に見えるので捕食者を寄せつけない、というような説明はよく聞く。

被捕食者となる魚は、群れをつくることによって、たとえ捕食者に襲われても犠牲を最小にとどめることができるという意見もある。一匹で泳ぐ時より、一〇〇匹とか、一〇〇〇匹の群れになるほうが、捕食者に見つかりやすい欠点はあるが、群れの中の一匹が食われる確率は一〇〇分の一、一〇〇〇分の一になり、群れのほうがはるかに安全だというのである。

また、群れに襲いかかる捕食者の攻撃行動を混乱させるのだという考え方もある。獲物となる群れが一斉に四散すれば、捕食者は目移りして、狙いを定めることがむずかしく、群れの損害は少なくてすむ。実際に水槽の中に小魚と魚食性の魚を入れて調べたところ、一匹、一〇匹、二〇匹と小魚の数が多くなるにつれて、捕食者の摂食率は低くなり、摂食に成功するまでに要する時間は長くなったという。

群れで行動すると、単独で行動するより多くの眼で見張りができ、捕食者の接近をいち早く見つけて警戒できるという効用を強調する説もある。

群れは捕食者から逃れることだけでなく、漁網から逃れる行動も学習する。接近する網から逃避する行動を学習させると、一匹ずつの時より、群れのほうが好成績をおさめる。逃避行動を学習した魚の群れに、未経験の仲間を加えると、ただちに群れと同じように網を避けることはできないが、一匹ずつ学習させるより成績はよくなる。

しかし、魚の群れが上手に網から逃避するといっても、人間の知恵にはとてもかなわない。魚にとっては手ごわい魚群探知機があり、群れが海中深く潜行していても、たちまち投げ込まれた性能のよい網を回避するのは至難のわざだろう。逃げまどう魚群の嘆きが聞こえるような気がする。

故郷の川へ帰るサケ

サケの仲間が海の長旅をした末に、生まれた川へ帰ってくる習性は古くから注目されている。北太平洋には七種のサケの仲間が生息する。このうち、サクラマスは北太平洋のアジア側に分布し、比較的分布範囲が狭い。また、ニジマスの降海型のスチールヘッドはベーリング海からアメリカ太平洋岸にかけて分布する。サケ、カラフトマス、ギンザケ、ベニザケ(陸封型はヒメマス)、およびマスノスケは北太平洋に広く分布し、アメリカ側とアジア側の河川に産卵場がある。これら七種のサケの仲間は成熟すると、それぞれ生まれ故郷の産卵場を目ざして回遊する。彼らはスチールヘッドを除くと産卵の終了とともに死を迎える。

サケ(シロザケ)の産卵場は、アメリカ側とアジア側の河川にある。日本はアジア側の分布の南限になっていて、日本海側では九州北部以北、太平洋側では関東以北の河川に産卵場があるが、北海道や東北地方に多い。産卵場は河川の下流にある。産卵期は秋から冬で、北で早く、南で遅い傾向がある。川底に産卵された卵は二ヵ月あまりでふ化する。ふ化後二ヵ月くらいで泳ぎ出して、春には数センチの大きさになって海へ下る。その後、餌生物が豊富な北太平洋へ遠出をして成長するが、多くは三〜四年の海洋生活を送った後、成熟して生まれ故郷の産卵場へ向かって帰途につく。「カムバック・サーモン」のキャンペーンですっかり有名になったが、各地の河川で、人工授精によって生まれたサケの稚魚の放流がおこなわれ、実際に帰ってくる数はごくわずかであっても、明らかにその成果が認められるのは、サケに母川回帰の習性があるからだろう。

広い北太平洋まで長旅をした末に、故郷の川の位置を探り当て、さらに川をさかのぼって産卵場にたどりつくサケの神秘的な能力は多くの研究者の関心の的となり、詳細な研究が積み重ねられた結果、母川回帰の道しるべがわかってきた。河口に到着したサケは、旅立ちの時、脳に刷り込んだ故郷の水のにおいを道しるべにして産卵場までさかのぼるというのが定説になっている。サケの鼻の神経を生まれ故郷の水で刺激すると、これに応答する脳波が誘発されることによっても裏づけられている。この説には異論もあり、産卵場から流れ出る水には仲間のにおい、すなわち一種のフェロモンが含まれていて、その川の流れが道しるべになるという説がある。仲間がいる場所の水で鼻を刺激すると、脳波に大きい応答が現れるのに、同種のサケがいる別の生息場所の水では、それほどの反応がないところから導かれた説である。どちらにしても、川へ入ってからは嗅覚によって産卵場までさかのぼることは事実のようである。

しかし、問題は広い海の中で、何を道しるべにして日本各地の河川まで回遊できるかという点である。川の水のにおいは北太平洋のはるか彼方まで届くはずがない。魚は太陽の動きに合わせて定位できるので、サケも太陽コンパスを使うという説がある。しかし、曇りや霧の日が多い北太平洋で、表層だけでなく、やや深い層にも潜行して昼夜の別なく泳ぐサケが、つねに太陽コンパスにたよって定位することは、彼らが私たちには見えない偏光を感知できたとしても困難だろう。海流地図を記憶していて日本の沿岸まで帰ってくるという説もある。また、近年では、ハトやミツバチと同様に地磁気コンパスを使うという説も浮上している。サケの仲間は鼻の感覚上皮にならぶ細胞にマグネタイド(磁性酸化鉄)の微粒子を含んでいて、海中の磁場の全磁力の変化を感知し、さらにその変化を学習することがわかり、この問題は見事に解決したかのように思われた。ところが、人為的に磁場を変えても、サケは水平行動にも鉛直行動にも何ら影響を受けないという研究結果もあって結論は先送りされている。サケの回遊の道しるべについては、まだ謎のベールに包まれた部分が残っているが、彼らが超能力を発揮して生まれ故郷へ帰ってくる事実に疑問をはさむ余地はない。

サクラマスには降海する集団と、しない集団とがあり、海へ下ることなく、川の上流域に残留して一生を終える集団が、釣り人になじみ深いヤマメである。北海道、東北、北陸地方の河川では、サクラマスはほとんどが海へ下り、残留群は少ないが、北陸地方より西の日本海側と九州の河川の上流では、残留群、すなわちヤマメが多く生息する。そして、北方の河川では成熟したヤマメはほとんどが雄で、しばしば海から帰ってきたサクラマスの雌を相手にして生殖行動をするが、南方の河川の上流ではヤマメは雌雄ともに成熟して放卵と放精をする。

サクラマスの産卵期は秋で、翌春にはふ化するが、サケとちがって稚魚はすぐに降海することなく、少なくとも一年あまり川で過ごした後、一〇～二〇センチになって海へ下る。川で生活する一部のものは生まれた年に成熟するが、これらは雄で、海へ下ることはない。海へ下るものは大半が雌である。海洋で約一年を過ごした後、春に、完全に成熟しない状態で、川へ上りはじめる。川へ入ってから成熟が進み、秋には上流の産卵場で産卵する。このサクラマスの降海を抑制したり、海から川への回遊をうながす引き金になるのは性ホルモンの作用であると考えられている。

ウナギの長旅

ウナギの仲間は全部で一五種に分類されている。彼らは海で生まれ、淡水域へ入って成長する。何年か経て成熟すると、産卵のために海へ下って生まれ故郷の産卵場へ帰る。大回遊をすることで古くからよく知られているのはヨーロッパウナギで、その産卵場は西部大西洋のバミューダ島南東海域で、ホンダワラなどの流れ藻が滞留する藻海《そうかい》とよばれる海域である。産卵のためとはいえ、はるか藻海まで大西洋を回遊するのは、ウナギにとっては苦難の旅にちがいない。ヨーロッパウナギの産卵場の西方のバハマ諸島北方の海域にはアメリカウナギの産卵場があって、両種はともに春に産卵するという。それぞれの産卵場で生まれた幼生は、海流にのって回遊をはじめる。

アメリカウナギの幼生はその年の暮れにはアメリカ東部からカナダ東部へ接岸し、シラスウナギになって沿岸に注ぐ河川へ上る。一方、ヨーロッパウナギの幼生はメキシコ湾沿いに、北東あるいは東へ向かって回遊し、あしかけ三年かけて翌々年の夏ごろにヨーロッパの沿岸に到着する。ただ、これには異論もある。魚の内耳には炭酸カルシウムの結晶を含む耳石《じせき》があり、ここに木の年輪に似た成長記録が刻まれている。その微細構造を調べると、日輪とよばれる一日の成長記録もわかる。この日輪を解読し、ヨーロッパウナギの幼生は産卵場から一年たらずでヨーロッパの海岸へ到達することがわかったというのである。また、デンマークの海岸へ回遊するウナギの幼生には、ごくわずかながらアメリカウナギの幼生が混在することがわかり、この二種のウナギの生活史には、まだ未知の部分が残っているようだ。

長い間、謎とされていた日本のウナギの産卵場は、マリアナ諸島西方の海域にあることが一九九二年に明らかにされた。この海域で夏に生まれたウナギの幼生は北赤道海流にのって西へ流れ、フィリピン北東沖で黒潮にのり換えて、日本近海へ到達し、シラスウナギになってその年の冬から翌年の初春にかけて川へ上る。

しかし、多くの川岸がコンクリートで固められ、ウナギの隠れ場が少なくなったのが気にいらないというわけではないだろうが、川へ上らないで沿岸海域で成長するウナギがいるらしい、という説があって注目されている。サケの仲間に陸封型があるのとは反対に、川へ上らず、沿岸海域にとどまって暮らす、いわゆる「海洋残留型」のウナギがいるというのである。この仮説は次のような研究によって導かれた。ストロンチウムは海水中に含まれるが、淡水中にはほとんど含まれないので、耳石に沈着したカルシウムとストロンチウムの比を調べると、淡水生活の履歴を推定できる。東シナ海で採集したウナギの成魚を調べたところ、耳石に沈着したストロンチウムの濃度分布から、河川生活の経験がないと判断されるものがいたのである。

水圧の変化に耐えて鉛直回遊

海中でも、また深い湖でも、動物プランクトンをはじめとする多くの動物が、夜間に表層へ浮上し、昼間は深く潜行する。このような行動は鉛直回遊とよばれる。

鉛直回遊をする魚ではハダカイワシの仲間が有名である。回遊の規模は種によって、また、生息水深によってちがうが、何種類かのハダカイワシの仲間は、昼間は二〇〇〜四〇〇メートルの深層にひそみ、夜間には海面あるいは水深一〇メートル前後の表層へ浮上する。また、この仲間は種によって鰾《うきぶくろ》の発達状態が異なり、それが鉛直回遊と深く関係するといわれる。海中では一〇メートル深くなるたびに水圧は一気圧ずつ高くなるから、短時間に何百メートルも潜ると、体に致命的な水圧がかかる。ガスが充満した鰾をもつ魚が急速に潜行すると、鰾は加圧に耐えかねて潰れてしまうおそれがある。逆に浮上する時には、減圧によって鰾は破裂の危険にさらされる。ハダカイワシの仲間では、鰾が退化して、ごくわずかのガスしか含まない型や、鰾にガスの代役をする比重の小さい脂質を含む型などがみられる。鰾の退化によって鉛直回遊にともなう水圧の影響を少なくし、浮力の調節に有利に働くように適応したものと考えられる。

短時間に水圧の変化を克服して行動することは、魚にとって大きな負担になる。それにもかかわらず、なぜ彼らは深海と表層の間を毎日往復するのだろうか。この問題については、いろいろの推論が交錯している。

暗黒の深海では光合成がおこなわれないので、当然、植物プランクトンは生産されない。夜間、動物プランクトンは食事のため、濃密な群れをつくって植物プランクトンを求めて表層へ浮上する。魚はそれに合わせて行動すれば食いはぐれの心配がない、というのが集団摂食行動説である。

日暮れとともに海面近くへ浮上し、夜陰にまぎれて腹ごしらえをして、捕食者に見つかりやすい昼間には深層へ潜って身をかくす、というのは護身説である。

また、夜間に暖かい表層の餌場へ浮上して食いだめをした後、昼間は冷たい深層へ潜って休息してエネルギーを節約し、これを成長と成熟に使う、というエネルギー節約説もある。

さらに、昼間は表層の強い紫外線を避けて深層にひそみ、夜間に表層へ浮上して摂食をすることによって、紫外線から身を守る生活様式が身についた、という説もある。

これらの説がすべて正しいとはいえないかもしれないが、うなずける点も多々ある。

3
意外に美味なフカの刺身

魚市場にならぶネズミザメ(仲谷一宏さん提供)

サメ肉は尿素を含む

「サメの食べ方は?」と問われると、多くの人は中国料理の「ふかひれスープ」くらいしか思い浮かばないだろう。しかし、井原西鶴さんの『日本永代蔵』には、

有徳人《うとくにん》松屋の何がしとてありしが、……春をゆたかに暮され、所酒《ところざけ》のから口・鱶《ふか》のさしみを好み、其身栄花に明《あか》し、此家次第におとろへ、天命をしる年になりて、平生の不養生にて頓死をせられける。

とあり、ぜいたくな暮らしに明け暮れした奈良のさらし問屋のあるじの好物が、サメの刺身と辛口の地酒だったというから驚く。

ここでいう刺身は湯どおしをしたサメの切り身を、しょうが酢または酢味噌につけて食べるものらしい。海から離れた山里で、鮮度が落ちると悪臭を放つサメを刺身にして食べていたことに首をかしげる向きもあるが、古くからサメの刺身を食べていた記録は残っている。また、

このような食べ方は、中国地方の山間部では家庭料理として受けつがれ、しばしば祭りに使われるというし、四国や九州地方にも伝わっている。愛媛県宇和島地方には「鱶の湯ざらし」を豆腐や野菜とともに盛り合わせた鉢盛り料理があり、お祭り、婚礼、棟上げなどの祝い事に客を招く時には欠かせないと聞いたことがある。湯ざらしの材料はホシザメで、近海でとれた新鮮なものが最高だという。

ホシザメ、アオザメ、ネズミザメ、シュモクザメの仲間など、またエイの仲間ではアカエイやガンギエイなどは、各地で鮮魚として店頭に出る。サメ・エイの仲間は新鮮なうちは、湯引きにしたり、煮つけにすると美味で、煮こごりにも人気があるが、死後、鮮度が落ちると、悪臭が強くなるので食材としては敬遠される。

悪臭の本体はアンモニアとトリメチルアミン（TMA）で、そのもとは、といえば、筋肉や血液に多量に含まれる尿素とトリメチルアミンオキシド（TMAO）にある。尿素はバクテリアの作用によって分解してアンモニアになる。同様にTMAOも分解してTMAになって悪臭を放つようになる。ただ、尿素には防腐作用もあるから、サメ肉はマイワシやマサバに比べて腐敗するのに時間がかかり、食材として比較的長もちする。だから低温保蔵と迅速な運搬の手段がなかった時代に、サメは海岸から遠く山間部まで運ばれ、「フカの刺身」は山里の人の味覚をそそることができたのだろう。

食材としてはとかく問題になりがちのサメ肉に含まれる尿素は、彼らにとっては海中で体内の浸透圧の恒常性を保つのにきわめて有力な成分である。

改めていうまでもなく、海水と川の水とでは塩分の濃度がちがう。海水は塩化ナトリウムをはじめ、いろいろの塩類を含み、塩からく感じるが、川の水には塩分はほとんどない。また、海水ならどこの海水でも塩分は一定というわけではなく、海域によって、また水深によってちがうが、外洋の表層水の塩分は約三・五%で大きく変動することはない。しかし、陸地に近い内湾では好天がつづくと塩分は濃くなり、大雨が降ると河川から流入する水に薄められて真水に近くなる。汽水域の塩分は〇・〇五〜三%の範囲で大きく変動する。

水中の塩分濃度は魚の生活に大きな影響をおよぼす。水はとおすが、溶けている溶質はとおさない半透膜を境界にして、濃度のちがう溶液が接すると、濃度の低い溶液から高い溶液へ水が移動する。このような現象を浸透という。半透膜の両側に溶液と純水をおいた時、膜にかかる圧力の差を浸透圧という。水中で、体液の濃度をほぼ一定に保つようにして生活する魚は、このような状況に直面している。真骨魚類では、種によって多少のちがいはあるが、海水魚も淡水魚も体液の浸透圧はおおよそ海水の三分の一で、海水魚では海水より低く、淡水魚では淡水より高く保つように日夜、懸命の調節作業がつづけられている。(現在では浸透濃度という単位を使うのが一般的であるが、ここでは便宜上、旧来の浸透圧を使うことにする。)

ところが、サメ・エイの仲間では事情がやや異なる。彼らは体内の浸透圧が海水とほぼ同じか、わずかに高いだけで、真骨魚類と比べると、海水中の浸透圧調節の作業が楽にできる。その作業には悪臭の原因となる尿素を体内に多量に含むことが大きく貢献している。

魚が食物として摂取したタンパク質は窒素を含むので、分解産物として二酸化炭素、水のほかに、アンモニアができるが、アンモニアは毒性が強く、体内にためると危険なため、真骨魚類の多くはこれをそのまま鰓《えら》などから体外へ排出する。しかし、サメ・エイの仲間は進化の過程で、アンモニアを毒性の弱い尿素に変える手だてを身につけた。その点では、多くの哺乳類と同じ尿素排出動物の部類に入り、有毒なアンモニアを排出する多くの真骨魚類より優れた適応を示す。しかも、尿素を尿とともに体外へ排出しないで、腎臓のネフロンの特定の屈曲部分で九〇%以上を再吸収して筋肉や血液中に保持するので、尿素含量は多くの真骨魚類の二〇〇~三〇〇倍に達する。そのおかげでサメ・エイの仲間は体内の浸透圧を海水とほぼ同じ程度に維持できるようになっている。

しかし、毒性は弱いというものの、多量に体内に蓄積された尿素は、細胞内のタンパク質や酵素を変性させ、生体に悪影響をおよぼす。細胞内の尿素の毒性を和らげるはたらきをするのが多量に含まれるTMAOで、その量はタラの仲間などの一部の例外を除くと、サメ・エイの仲間では真骨魚類の三五〜四〇倍近くもある。この場合、TMAO含量が尿素の約五〇％あると最大の効果が発揮されるといわれる。サメの仲間のTMAO含量は相対的に多いとはいえ、尿素含量との比は必ずしもこのようにはなっていない。アブラツノザメの体側筋には両者はほどよく含まれ、尿素は三三三ミリモル、TMAOは一八〇ミリモルで、両者は二対一に近い割合で含まれている。ちなみに血漿中の両者の量は、それぞれ、三〇八ミリモルと七二・四ミリモルとなっている。

尿素やTMAOは比重が比較的小さいので、鰾がないサメ・エイの仲間では体を軽くする効用もある。サメ・エイの仲間は浸透圧調節と浮力獲得の一挙両得の適応をしているともいえる。

海水魚と淡水魚のちがい

真骨魚類は海水魚であっても淡水魚であっても、体液の浸透圧はほぼ一定に調節されている。マサバやメバルなどの海水魚では海水より血液の浸透圧が低く、調節をしないと、水分は鰓などをとおして体内から周囲の海水中へ流出するので、彼らはつねに生理的脱水の危険にさらされている。そこで、海水魚は海水をどしどし飲み込んで腸で吸収し、失われる水分を補給する。そして尿の量はごく少量におさえて体内の水分を失わないようにつとめる。また、飲み込む海水とともに体内に入って過剰になりがちのナトリウムなどの一価のイオンを、鰓の鰓弁《さいべん》やその周辺の表皮中にならぶ塩類細胞とよばれる特殊な細胞のはたらきによって排出し、体内の浸透圧をほぼ一定に維持する。

鰓は魚の呼吸器で、弓状の骨に支えられて無数の鰓弁が二列に櫛《くし》の歯のようにならぶ。それぞれの鰓弁の両側には微細な葉状の二次鰓弁がならび、この中を循環する静脈血と飲み込んだ呼吸水との間でガス交換がおこなわれる。海水魚では鰓弁に多数の塩類細胞があり、塩類細胞の膜はナトリウム－カリウムＡＴＰアーゼ（Na、Ｋ－ＡＴＰアーゼ）という酵素の活性が高く、その作用によって、ナトリウムイオンはこの細胞の外へ排出される。だからNa、Ｋ－ＡＴＰアーゼの活性を調べると、海水魚のナトリウムイオン排出能力を知ることができる。

海産のサメ・エイの仲間も食物や海水とともに体内に入る過剰のナトリウムなど、一価のイオンは排出しなければならない。彼らは過剰の塩類を鰓から排出するばかりでなく、腸管の後端に開口する直腸腺という指状の盲嚢《もうのう》から排出し、万全の浸透圧調節をしている。

ところが、淡水中では状況はまったく逆になる。川や湖に生息するコイやナマズなどの淡水魚の体液は周囲の水より塩分が多く、浸透圧は周囲の水より高く調節されている。この浸透圧の差によって水は絶えず、鰓、消化管、時には体の表皮の薄い部分をとおして体内へ浸入するおそれがある。うっかりすると水膨れになって死んでしまうので、淡水魚はできるだけ水を飲まないようにすると同時に、排水ポンプとして腎臓をフル運転して、浸入してくる水を大量の薄い尿にして排出し、体内の水分の量を調節する。また、排水などによって失われがちのナトリウムなどの一価のイオンは、腎臓や、輸尿管の後部にある膀胱のような組織の上皮で尿から再吸収したり、食物中に含まれる塩類を腸の上皮から吸収して補充する。そればかりでなく、鰓の二次鰓弁には海水魚にはない淡水型の塩類細胞が多数ならび、塩類を体内に取り入れる。淡水型の塩類細胞では液胞性プロトンＡＴＰアーゼという酵素のはたらきによってナトリウムイオンを取り込むといわれる。

淡水域へ入る前のスズキの稚魚を海水中から淡水中へ移した実験によると、七〜一五日後に鰓弁の海水型の塩類細胞は減少し、二次鰓弁の淡水型の塩類細胞は急増するという。

熱帯地方では淡水域にもサメやエイが生息するが、淡水に生息するエイの仲間では腎臓で尿素の再吸収がおこなわれず、筋肉中の尿素は少なく、体液の浸透圧はほぼ淡水魚なみであるという。

川と海を行き来する魚

永井竜男さんは「魚河岸春夏秋冬」と題する魚河岸《うおがし》の小史に、

夏の夕方なぞ、日本橋のすぐ袂《たもと》まで、上総《かずさ》辺りの舟が上ってきたもので、船頭はどれも、ふんどし一つの丸裸、赤か黄の向う鉢巻をして、夕河岸の魚を運んできたもんです。日本橋の下では、オボコがいくらでも釣れましたし、秋になって水が澄んでくると、鮒や金魚の泳いでいるのが、橋の上から見えたもんです。

と、ある故老の思い出話を紹介している。オボコというのはボラの若魚の呼び名である。これは興味深い話で、昔は隅田川の支流の日本橋川までボラの若魚が上って、淡水魚と同居していたことがわかる。オボコが釣れたのは暖かい季節ということもわかる。

川の魚は海では生存できないし、海の魚は淡水中では生存できないが、淡水魚でもウグイのように海に入っても死なない魚もいる。また、ボラやスズキのように、生活史の一部を淡水中で過ごす海水魚もいる。なかにはウナギやサケのように、産卵場と成育場が海と淡水に分かれている魚もいる。

ボラやスズキの若魚が暖かい季節に汽水域から河口域まで入ってくることはよく知られている。しかし、冬になると川や内湾の水は外洋水に比べて冷たくなるので、寒さを苦手とする彼らは海へ下る。このようにボラやスズキは暖かい季節に人里に近い水域に出現するので、古くから人目についたと思われ、その生態や料理に関する詩歌や文書はたくさん残っている。

ボラについては、古くは『出雲国風土記』に、ナヨシ(ボラの若魚)がスズキなどとともに宍《しん》道湖《じこ》や出雲平野の西部の神西湖《じんざいこ》に産すると記されている。また、平瀬徹斎さんは『日本山海名物図会』(千葉徳爾注解)に、

河ぼらあり。海ぼらあり。ちいさき時をすべて江鮒《えぶな》と云也。……すべて江鮒は海と川との潮ざかいに多くある也。泥川に生ずるは肉あかく脂多し。砂川に生ずるはあぶらすくなし。

と、引き網の図をつけて説明している。

体長数センチの若魚は春に河口域へ上り、秋には深みへ移動する。利根川あたりでは内水面漁業の対象にもなる。満一歳で二〇センチに成長する。二、三年の間、内湾や浅海で過ごすが、

秋から冬に身はしまってくる。

塩焼き、刺身、味噌汁などが一般的な料理であるが、名古屋には「イナまんじゅう」といって、内臓をぬいて具をつめて焼く料理がある。ボラはデトリタス(生物体の分解産物)を多く食べるので、底泥が汚染されると、魚体に悪臭や油臭がのりうつり、とても食用にはならない。

約四年で四〇センチ以上になって成熟すると、秋に産卵のために外海へ去る。珍味カラスミの原料になる卵巣は親魚と比べると段ちがいの値打ち物で、名産地の長崎では「カラスミ親子」というたとえがあると聞く。

スズキは多くの地方で春から夏に内湾あるいは川の下流に入り、秋には海へ去るという生活を繰り返し、雄は二五センチ前後、雌は約三〇センチで成熟し、冬に外海に面した沿岸海域で産卵する。

スズキは活発に摂食する夏が旬といわれ、白身の脂質含量は少なく約四%で、洗いや、塩焼きの淡白な味には定評がある。山陰の宍道湖七珍とよばれる郷土料理を代表する「奉書焼き《ほうしょ》」のスズキは冬が旬だ、と地元の人はいう。

昔、寒風が吹きぬける湖畔を訪れた松江の城主、不昧公《ふまいこう》に、網にかかったスズキを食べたいと所望され、思わぬ注文にとまどいながらも、漁夫は機転をきかせてスズキを奉書に巻き、むし焼きにして差し出したのがはじまり、という話を聞いた時、冬の季節に宍道湖にスズキがいるのだろうか、と驚いたものだ。しかし、一九五八〜六一年に、中海《なかうみ》干拓計画にかかわる最初の総合調査によって、スズキは宍道湖東部から中海にかけて、一年中、生息することが明らかにされている。

また、生態学者の川那部浩哉さんは、『群書類従』の記述から、少なくとも戦国時代までは、スズキは大阪湾から琵琶湖までさかのぼっていたことを解きあかし、自らの魚食記録『魚々食《ぎょぎょしょ》紀《つき》』に紹介している。

幸田露伴さんも一九三六年に、随筆「鱸《すずき》」で、

隅田川のも美であったさうだが、今は水質全く変じて、鱸どころか鮒さへ亡びてしまった。利根川は銚子へ落ちる大利根と東京湾へ落ちる新利根とで、魚の質が異なって居て、褒貶《ほうへん》も人によって異なって居たが、今は双方とも多く産せざるに至った。河川工事と酷漁との結果である。

と、現在の川の実態を予言するように指摘し、昔はスズキが淀川、宇治川、相模川など、各地

の川にいたことを記している。

ところで、海と川の間を行き来する魚は、海から川へさかのぼる時、あるいは逆に川から海へ下る時には、体内の浸透圧調節の作業を淡水適応型に、あるいは海水適応型に切り替えなければならず、これは決してなまやさしい作業ではない。彼らはその秘術を身につけ、このむずかしい作業を可能にしている。

不思議なことに、水温が高いと海水魚は淡水中で浸透圧調節がしやすいのか、常夏の南の地方では、アジの仲間やフグの仲間などが、ごくふつうに、川のかなり上流まで生息場所を広げている。

現在、世界的な問題となっている地球温暖化は、魚の生活とも無縁ではない。二酸化炭素の排出量の急激な増加にともなって地球の温暖化が進むと、海洋の表面水温が上昇し、魚の生活をおびやかすのではないかと心配されている。

冷水域を好むサケの仲間は川を下って、成育場となる北洋へ回遊する。折しも、大気中の二酸化炭素の量が現在の二倍になった時の北洋の水温を想定して、ベニザケの分布域の変化を予測した研究が注目されている。その結論では、分布の南限を水温によって制約されるベニザケは、水温上昇の影響で、夏には北太平洋には生息できなくなり、ベーリング海とオホーツク海の北部のごく限られた海域に追いやられて、彼らが成長する場所は極端にせばめられてしまうおそれがあるという。北洋の水温が上昇すれば、表層の栄養塩類の量が変化し、プランクトンの生産力は低下して、餌生物の量が少なくなる可能性も否定できない。仮にそうなると、サケ・マスの仲間には陸封型が増え、また、スズキやボラは低塩分水域に長く滞在することが可能になるのだろうか。

北アメリカ大西洋沿岸海域に生息するニシンに近縁のシャッドは、春に淡水域で産卵し、成長した若魚は秋に海へ下る。地球温暖化が進んで川や湖の水温が上昇すると、シャッドの若魚は淡水域にとどまって成長する期間が長くなり、降海時期が遅れるばかりでなく、淡水域での分布範囲は北へ拡大し、この水域の生態系へ影響をおよぼしかねないと懸念する報告もある。

川から海へ産卵回遊するウナギ

川や湖で大きく成長したウナギは、成熟すると産卵のために産卵場のある海へ下るが、この時期になると、回遊にそなえてさまざまの準備がはじまる。海へ下る旅が近づくと、まず体の色が変わり、褐色の背側は黒ずみ、黄白色の腹側は銀色がかってくる。体側筋に持続的遊泳に使われる赤色筋が増加することはすでに述べた。眼は大きくなり、網膜の桿体《かんたい》に含まれる視物質にも変化が生じ、長波長の光をよく吸収するポルフィロプシンから短波長の光をよく吸収するロドプシンにおき替わる。これは海中の青緑色の光環境への適応と思われる。そして体内では、鰾《うきぶくろ》の中へガスを分泌する毛細血管の網が一段と発達し、高水圧下で鰾が正常に機能するように準備が進む。

さて、いよいよ海に入る時には、浸透圧調節の作業を淡水型から海水型へ切り替えなければならない。一歩まちがえると死につながるむずかしい作業だが、この時期のウナギはそれを心得ている。

ウナギはもともと塩分の変化に強い魚だが、降海の準備が整っていないウナギを淡水からいきなり海水へ入れると、一時的に脱水症状になり、体重は減少する。その後、体重はしだいに回復して一週間後には海水中でうまく浸透圧の調節ができるようになる。しかし、旅支度ができたウナギは、浸透圧調節作業を海水型に転換する準備が完了していて、直接、海水へ移しても体重の変化はほとんどなく、大量に海水を飲み込み、尿の量を減らして体内の水分をうまく調節する。その際、食道では塩類を選択的に吸収するようになり、飲んだ海水はここで薄まり、水分は腸から効率よく吸収される。尿の量は、海水中へ移されて一日以内に淡水生活時の六分の一に減少する。このような切り替えはごく自然におこなわれるので、体重はほとんど変化しない。
試みに、淡水ウナギから切り取った鰓の一部分を海水中へ入れると、ナトリウムイオンは鰓の中へ浸入するが、海水ウナギから切り取った鰓を海水中へ入れても、ナトリウムイオンが鰓の中へ浸入することはない。また、降海時期のウナギの腸を摘出して生理的食塩水に浸して水の動きを調べると、腸の中の水は腸壁を通りぬけて外側へ移動することが手にとるようにわかる。腸の水輸送能力や鰓のナトリウムイオン排出能力は季節的に変わり、このような能力は秋から冬にかけていちじるしく向上する。ちょうどウナギが海へ下る時期と一致する。

浸透圧調節には、いろいろのかたちでホルモンの作用がかかわっている。ウナギが海水型の浸透圧調節に切り替える時には、副腎皮質ホルモンの一つであるコルチゾルが重要なはたらきをするといわれる。淡水ウナギの脳下垂体を切除して海水中へ移すと、腸壁の水の吸収能力は淡水中のウナギとほとんど変わらず、鰓のナトリウムイオンの排出能力も増大しない。淡水ウナギは脳下垂体がないと、海水中で浸透圧調節ができないようだ。これは、脳下垂体から分泌される副腎皮質刺激ホルモン(ACTH)が出なくなり、コルチゾルの分泌が促進されないことに起因する。ちなみに脳下垂体を切除したウナギにACTHあるいはコルチゾルを注射すると、腸の吸水能力はよくなり、鰓のナトリウムイオンの排出能力も回復してくる。

また、淡水から海水へ移したウナギの血液中のコルチゾルの量を測定すると、海水へ移して二〜四時間後に二倍近くに増加し、二日後にはもとの量にもどることが明らかにされている。さらに、コルチゾルの投与によって食道の上皮細胞の性質が変化して、飲み込んだ海水中の塩類をよく吸収するようになるという。このようなことから、脳下垂体‐副腎皮質系ホルモンはウナギの海水中での浸透圧調節に重要な役割を果たすことがわかる。

淡水中の魚の浸透圧調節とホルモン

淡水中では、脳下垂体から分泌されるプロラクチンが魚の浸透圧調節に深くかかわっていることが明らかにされている。プロラクチンは動物のいろいろの生理現象にかかわり、哺乳類では乳腺における乳汁の分泌促進の作用をし、陸上生活をするイモリでは水中生活に走らせる作用をする。淡水中の真骨魚類では、プロラクチンは鰓や腸管などの上皮で水の透過を抑制すると同時に、ナトリウムなどの一価のイオンの流失を防ぐ役割をもつ。また、腎臓では水分の再吸収を抑制して薄い尿の量を増やし、さらに、粘液の分泌を促して体表面からの水の浸入を防ぐともいわれる。

汽水域から河口域に入ってくるボラの脳下垂体を調べると、プロラクチン産生細胞の活性が高くなっている。海水中の未成熟のウナギを淡水中へ移すと、血液中のプロラクチンの量が増加することも報告されている。

春になって海から川へさかのぼり、川底に巣をつくって産卵するイトヨは、海から川へ回遊をはじめる時期になると、直接、淡水中へ移しても死ぬようなことはないが、冬に直接、淡水中へ移すと、一〇日もたつと死んでしまう。春に川へさかのぼるイトヨを淡水中へ移すと、体液の浸透圧は水分の浸入によって一時的に一〇％近く低下するが、間もなくもとの値に回復する。ところが、冬にイトヨを淡水中へ移すと、体液の浸透圧は急激に二〇％ほど低下し、一日たってももとの値に戻らない。一方、真冬でも淡水中へ移す二四時間前にイトヨにプロラクチンを注射しておくと、淡水中へ入っても、春のイトヨと同じようにうまく浸透圧を調節することができる。こうしてイトヨは春の訪れを感じとると、プロラクチンの活性が高くなって、浸透圧調節作業を海水型から淡水型へ切り替えるようになる。

イトヨは北半球の温帯から寒帯にかけて分布するが、温帯地方では、春が近づくと日照時間はしだいに長くなる。この日長変化が引き金になって、イトヨの体内では生殖腺の成熟がはじまると同時に、脳下垂体からプロラクチンが多量に分泌されるといわれる。冬に暗室内で点灯して人工的に日照時間を長くすると、イトヨは春になったと勘ちがいして、薄い尿を大量に排出するようになり、淡水中へ移しても死ぬようなことはない。反対に、暗室内で日照時間を短いままにしておくと、外は春の季節になってもイトヨは薄い尿を排出することができず、淡水中へ移すと浸透圧の調節がうまくできない。厳しい冬を海で過ごしたイトヨは、日照時間が長くなり、水温が上昇しはじめると、脳下垂体のプロラクチンの産生が活発になり、淡水型の浸透圧調節ができるようになる。

しかし、プロラクチンはあくまでも淡水中の浸透圧調節に一役かっているだけで、海から川へさかのぼる回遊の直接の引き金とはならないといわれる。イトヨの場合も、川へ上りはじめる時、甲状腺ホルモンの活性が高くなると、川へ向かって行動するようになることが報告されている。魚が産卵のために川へさかのぼる時には、いろいろのホルモンの活性が高まるが、種によって事情がちがうので、一概に決めつけることはできない。

サケの浸透圧調節とホルモン

川で生まれたサケがやがて海へ下って大規模な回遊をすることはすでに述べたが、旅立ちにあたって、やはりホルモンの活性に変化が起こる。まず、稚魚が海へ下る前には、体側にならぶ暗色の小判状のパー・マークが消えて、銀色にかがやくようになる。銀化《ぎんげ》という現象である。

この色彩の変化と、つづいてはじまる降海回遊に時を合わせるように、甲状腺ホルモンのチロキシンの活性がいちじるしく高くなる。この時期、サケの仲間では海水型の浸透圧調節作業の準備がはじまるが、同時に成長ホルモンが重要な役割を演じるといわれる。脳下垂体から分泌される成長ホルモンの作用は体の成長に深くかかわるはずであるが、サケの仲間では海水型の浸透圧調節にも欠かせぬ存在になっている。あらかじめ成長ホルモンを投与したサケの稚魚は、投与しない稚魚と比べて、海水中へ入れた時の生残率が高い。これを裏書きするように、成長ホルモンの作用によって血液中のナトリウムイオンの上昇は抑制されることが明らかになっている。血液中の成長ホルモンの量は海水中へ移したサケでは半日で淡水中のサケの四倍に達し、淡水中へ戻すと、またもとの量に減少する。また、海水に適応したサケの稚魚にプロラクチンを注射すると、ナトリウムイオンが増加することもわかっている。

成長ホルモンはプロラクチンと化学構造がよく似ているが、サケの体内では浸透圧調節の面でまったく反対の作用をすることになる。もちろん、海水中でもプロラクチンがまったく消失するわけではないが、脳下垂体のプロラクチン産生細胞の活性は低下する。

しかし、産卵のために沿岸海域へ帰ってきたサケでは、浸透圧調節機構にかかわるホルモンの作用は少しちがうようだ。日本のサケの産卵場は河口からそう遠くないので、河口付近へ到達したサケの生殖巣はすでに成熟している。このサケを直接、淡水中へ移しても、雌雄ともにうまく淡水型の浸透圧調節をして、死ぬようなことはない。

ところがこの場合、淡水へ移して一日後に血液中のプロラクチンの量を調べると、雌では明らかに増加するが、雄ではほとんど変化しないという。さらに、成熟して卵巣内で排卵が起こった雌や、精子形成が完了した雄のサケを一週間ほど海水中に囲ってとどめておくと、浸透圧調節ができなくなり、血液の浸透圧は異常に高くなって、ついに死亡することが確かめられている。この時、血液中のコルチゾルの量も、成長ホルモンの量も増加傾向にあるが、もはや海水型の浸透圧調節作業にもどす効力はなくなっている。これらのサケの塩類細胞を調べたところ、鰓弁の海水型の塩類細胞は減少の一途をたどり、塩類の排出能力は大幅に低下しているが、逆に二次鰓弁の淡水型の塩類細胞は発達していて、淡水生活の準備は進んでいることがわかったという。

このような事実から、産卵期のサケでは成熟にともなう生殖腺のステロイドホルモンが、海水での浸透圧調節を阻害するのではないかと考えられている。魚の生活の仕組みはきわめて複雑で、浸透圧調節にホルモンが関与するといっても、単純にホルモンの作用だけでは説明がつかない。

4
アユは香りを食べる

旬のアユ(上)と海へ流された産卵後のアユ(下)

アユの香りの正体

鮎は一年限りの魚だから年魚とも云い、また夏のさかりに新鮮な珪藻《けいそう》をたべる鮎は芬々《ふんぷん》と佳い香があるから香魚と云う字で書かれたりする。

滝井孝作さんが随筆「釣の楽しみ」で説くように、多くの人は、釣りたてのアユのスイカ、あるいはキュウリのような香りは、アユが食べた水あか、すなわちケイ藻などの藻類に由来すると信じて疑わない。釣りの達人は口をそろえて、「アユの体にしみ込んだ水あかの芳香は、その川に特有の香りで、においをかぐだけで、どこの川のアユか見当がつく」という。

また、どこへ行っても、「この川のアユの香りと味は日本一」と聞かされる。

そして、だれもが認めるきまり文句は、「旬のアユは香りがいのち」である。

秋に川の下流の産卵場でふ化したアユの子魚は、川の流れに押し流されるように海へ下る。沿岸海域でプランクトンを食べて越冬した若アユは、春になるといっせいに川へさかのぼる。

川の水温が上昇して川底の石に付着性のケイ藻などが繁茂する時期に、アユはその水あかをむさぼり食べて、日ごとに体長が伸びるといわれるほどの勢いで成長する。アユが水あかを食べるころになると、両顎に多数の櫛のような歯が発達し、顎を強く石の表面にあてて藻類をけずり取るので、歯のあとが「はみあと」として石に残る。

ほとんどのアユは、藻類が少なくなる秋までに大きくなって成熟し、川の下流へ下って産卵をすませると、やせこけて一年のはかない寿命を終える。現在、遊漁用に琵琶湖産のコアユを各地の河川に放流しているが、そのアユも水あかを食べて大きく成長する。

旬のアユはもっぱら水あかを食べるので、その香りは食物に由来すると信じられてもおかしくない。ところが、アユと近縁のキュウリウオも、その名のとおり、キュウリのにおいがする。キュウリウオは北海道以北に分布する北方系の魚で、沿岸海域に生息し、おもに小型甲殻類などのプランクトンを摂食し、藻類は食べないのにアユに似たにおいがする。このにおいの正体をつきとめた研究によると、食物の異なるアユとキュウリウオは体内で同じにおいのする成分を生成することがわかり、水あかそのものがアユの香りにはならないという意外な結果になっている。

すなわち、アユの香りの主成分は(*E*、*Z*)-2、6-ノナディナール(キュウリのようなにおい成分)、3、6-ノナディン-1-オル(スイカのようなにおい成分)、(*E*)-2-ノネナール(キュウリのようなにおい成分)などであるという。キュウリの香りがさらに強いキュウリウオでもノナディナールとノネナールが深くかかわっているという。しかもこれらの化合物は食物から直接取り入れられて体内に蓄積されるのではなく、皮膚や鰓の中に多く含まれるリポキシゲナーゼという酵素の作用によって体内のエイコサペンタエン酸、アラキドン酸などの多価不飽和脂肪酸が分解された後、いくつかの中間体を経て、最終的にこれらの化合物になることが解明された。また、これらのにおいの化合物の前駆物質といわれる過酸化脂質もアユの血漿から多量に検出され、とくにアユの季節といわれる七~八月に顕著に多くなることもわかってきた。

ノネナールといえば、あまり芳しくない中高年特有の体臭、「加齢臭」の代表的な化合物と聞いている。川魚の王といって賞美されるアユの香りの成分の一部が加齢臭と同類とあっては、アユのイメージはそこなわれるかもしれないが、そこは先入観にとらわれず、加齢臭の持ち主には自信をもって清楚なアユのような気分になっていただきたい。

魚は何を食べているか

川底の石につくケイ藻はアユにとって不可欠の食物である。水族館の大水槽を泳ぐマイワシの群れはみな口を開けたままで、しまりのない顔をしているが、これはプランクトンを濾《こ》しとって食べるための動作である。

カツオは小魚を追って捕食し、イシダイはフジツボやウニを割って食べ、マダイはゴカイやエビを食べ、ボラは海藻に付着する微小藻類をついばんだり、水底の泥といっしょにデトリタス(生物体の分解産物)を吸い込んで食べる。

このように魚には、それぞれ好みの食物があり、胃の内容物を調べても、彼らが自分の周辺にいる生物を無差別に食べてはいないことを示す事例は多い。餌になる生物の種類や量が多い時には、魚の食物の選択性は強く現れる。

しかし、生息場所によって餌生物の組成がちがい、好物の餌生物がいなかったり、季節の移り変わりにともなって餌生物の量が少なくなったり、あるいはまた、同じ餌生物を求めて別の強い競争相手が現れると、手軽に食べられる別の食物を探すようになる。もちろん、魚の成長段階によっても食物の種類は変わる。

北太平洋のネズミザメはサケの天敵ともいわれ、北緯四五度以北のサケの仲間が多い海域では、ネズミザメの七〇％以上がベニザケなどを専食しているが、それより南のサケの仲間が少ない海域では、ほかの魚やイカを混食する率が高くなる。

磯魚のイスズミは暖かい季節には底生の小動物や海藻を食べているが、寒くなって底生動物が少なくなると、おもな食物をハバノリなどの褐藻類に変える。

川の中央部で川底の付着藻類を好んで食べるオイカワは、アユが現れてこの場所になわばりをつくると、岸近くへ移動して、食事の献立を流下昆虫などに変える。

魚もほかの動物と同様に、水界の食物連鎖の中の一員になっていて、さまざまの生物と、「食う-食われる」の関係にあり、成長段階に応じて、また生息場所の動物の勢力の相互関係によって、好みの食物だけを選んでいては生き残れないのである。

魚が好んで食べる食物に基づいて魚の食性を大まかに分類すると、肉食性、植食性、雑食性というようになるが、もう少し細かく食物の種類を分けて、藻類食者、プランクトン食者、底生動物食者、魚食者、デトリタス食者、雑食者というように分類することもできる。そして、食性のちがいは魚の味に微妙に影響する。

魚の食事時

魚の一日の行動は、食物の探索と、捕食者からの逃避行動に明け暮れするといって過言ではない。多くの魚は昼か夜、すなわち、明期か暗期のいずれかに活動のピークがあり、昼間に活動する昼行性と、夜間に活動する夜行性とに大別されるが、行動様式を単純に二分することには無理がある。魚の行動を活動時間帯によって大別すると、生息環境によってもちがうが、およそ二分の一〜三分の二は昼行性の魚、四分の一〜三分の一は夜行性、一〇分の一が朝夕の薄明時に活動する魚で、昼夜を問わず活動する魚がごくわずか、となるという。そして、毎日の摂食活動は活発に行動する時間帯とほぼ一致する。摂食行動の盛期が昼にあるか、夜にあるかは、食物の探索を明るい時に視覚にたよるか、あるいは暗い時に嗅覚や味覚にたよるかのちがいにも関係する。

海の表層に生息する多くの魚は、明るい時間帯に食物を求めて行動する。マイワシ、カタクチイワシ、ニシン、シイラなどは昼間によく摂食し、暗くなると摂食活動はほとんど停止する。水槽内の実験では、ニシンは明るい状態では群れをつくって、プランクトンをよく食べるが、暗い状態では群れは分散して遊泳速度は低下し、摂食は可能だが、よほど濃密なプランクトンの群れに遭遇しないかぎり、十分に食べることはむずかしいという結果がでている。

サンゴ礁の魚では、ニザダイ、モンガラカワハギの仲間、スズメダイの仲間、チョウチョウウオの仲間、ベラ・ブダイの仲間などは、昼間に食物を探して忙しく泳ぎ回り、夜になると、それぞれ休息場へ帰って休む。反対に、テンジクダイ、イットウダイ、フエダイの仲間などは昼間はあまり摂食することなく、夜になると活発に摂食活動をはじめる。

「早起きをして薄暗い波止場でマアジ釣りに夢中になっていると、東の空が明るくなったとたんに、魚信がぱったり止まって釣れなくなった」という釣り人の経験談をよく聞く。魚が一日のうちで最もよく活動し、餌を最もよく食べる時間帯は、昼間か夜間かという見方もあるが、夜明け前と夕暮れのそれぞれに現れる例がよく知られている。このような習性はマアジ、ビンナガ、ブリ、イカナゴなど、多くの魚で観察されている。漁業の専門家は、この現象を「朝まずめ」、「夕まずめ」と名づけ、この時間帯を見計らって漁をする。

ブルーギルをはじめ、何種類かの魚では、食事時間の周期性は体内の生物時計によって調整されることが実証されている。暗室内で人工的に明暗周期をつくって、点灯時、つまり暗期から明期へ移る時に餌をあたえてブルーギルを学習させると、人工的な夜明け前に餌を求めて動き回るようになる。また、点灯時間を早めたり、遅らせたりすると、数日の間に夜明け前の行動も点灯時間に合わせて、早くなったり、遅くなったりする。しかし、カレイの仲間やベラの仲間のなかには、人工的な明暗周期の変化に合わせた日周行動ができない魚もいる。

魚自身が自発的に給餌機のセンサーに触れると餌が出る装置を使って、魚の摂食行動を観察した研究もある。この行動は魚の自発摂餌ともいわれ、魚の食欲を知る目安になる。ニジマスは大部分が明期に行動するが、水温を一定に保持した恒明条件下で自発摂餌行動に日周リズムが現れることから、ニジマスの摂食行動は生物時計によって引き起こされると考えられている。ブリも同様に自ら一日に必要な餌の量を調節して食べるという結果が得られている。こうした自発摂餌の習性を養殖業に利用すると、餌の無駄な投与を避けることができる。また、食べ残しによる養殖場の汚染も防止できるので、新しい養魚技術として、実用化が期待されている。

魚の摂食活動は水温の変化に左右されることが多く、温帯に生息する魚では季節的に摂食量が変化する。その結果、魚の成長速度にも影響が現れる。

温水性といわれるコイやマダイなどは、水温が低い冬の間は食物をあまりとらないが、春になって水温が上昇しはじめると、動きが活発になり、食欲も増進する。一方、冷水性といわれるカワマスなどは、水温が二〇℃を越えると食欲は急に減退する。

イカナゴは北海道から九州にいたるまで沿岸海域に広く分布し、おもにプランクトンを食べている。北方海域では摂食活動は春から夏に活発になるが、秋から冬には鈍くなり、一二月には停止する。しかし、仙台湾や瀬戸内海などでは、夏の高水温期には砂地の海底に潜って冬眠ならぬ夏眠をする。

食物のとり方

魚の口の大きさや開き方は種によってずいぶんちがうが、食性を反映していると思われる例は少なくない。マグロの仲間やカツオのように、泳ぎながら小魚を襲う魚の口は頭の前端に開く。ヒメジやネズミゴチのように、海底の生物を探して食べる魚の口は、頭の前下方へ向かって開く。アンコウのように、海底にいて背上方の獲物を襲う魚の口は、前上方へ向かって開く。マイワシやアカカマスの口はやや前上方に向いているが、開口時には前方へ開くように動く。

口の大きさも種によってさまざまであるが、一般に、プランクトンや小型の食物を食べる魚の口は小さく、肉食性の魚の口は大きい。食物にめぐり合う機会の少ない深海には、フクロウナギのように極端に大きい口をそなえ、千載一遇の獲物を逃さずにのみ込む魚もいる。

口の開閉は顎を構成する骨組みと、これを動かすほおの筋肉のはたらきによっておこなわれる。絶えず顎を開閉させるほおの筋肉はよく発達する。量は少ないが、この筋肉の味は抜群であると賞美される。

顎の骨の発達状態は種によってちがい、単純な構造から、きわめて複雑な構造までいろいろある。

サメ・エイの仲間の顎の骨は軟骨で、構造は比較的単純である。上顎は口蓋《こうがい》方形軟骨、下顎はメッケル軟骨で支えられる。口は頭の腹面にあって、顎の動きは効率的とはいえないが、上手に獲物を捕らえるサメでは、上顎はやや前下方に動き、下顎は大きく外下方へ開き、獲物にかみつくと同時に口の中へ吸い込む。

サケ、マダラ、スズキなどでは、顎の骨は硬骨で、複数の骨によって構成される。顎の周辺の多数の小骨も、直接あるいは間接的に顎の開閉にかかわり、骨の形が種によって異なるように、顎の動きも種によってちがう。とくに、上顎の軸となる前上顎骨《ぜんじょうがくこつ》と主上顎骨《しゅじょうがくこつ》の関節様式は魚の摂食能力に大きく影響する。

たとえば、マイワシやサケなどでは、前上顎骨は小さく、上顎の下縁は前上顎骨と主上顎骨とによって縁どられるため、摂食に際しては、これら二つの骨が固定されたままで開閉するので、上顎はあまり前方へ突出させることができない。

スズキやマダイでは前上顎骨が発達して上顎の大部分を縁どり、前端には背側に曲がる突起が付属する。このような構造によって、かみつきの主役は前上顎骨に移り、しかも前上顎骨は主上顎骨によって前方へ押し出され、下顎の動きと連動して、効率よく獲物をくわえると同時に口の中へ吸い込む。

肉食性の魚が摂食する際には、食物の大きさ、形態、習性などによって、摂食行動や摂食成功率にちがいが生じる。食物の大きさが増すと、当然、摂食に要する時間も長くなる。ブラックバスが獲物に食いついてのみ込むまでの処理時間が最短になる時の、自身の体長と獲物の体長との比は、おおよそ一対〇・二〜〇・三で、天然のブラックバスの胃内容物の大きさから計算した平均値は、この値よりやや小さいという。

サメの仲間でも、アブラツノザメなどは、多くの場合、体長の比が約〇・一〜〇・三の小型の魚やイカなどを丸のみにする。しかし、肉食性の大型のサメの摂食行動は攻撃的で、獲物の大きさにあまりこだわらない。ホホジロザメなどは獲物にかみついてのみ込むが、獲物が大きいと、かみついて頭を左右に激しく振って、鋭い歯で獲物を食いちぎってのみ込む。カリフォルニア近海では、ホホジロザメはマグロの仲間はいうにおよばず、ラッコ、オットセイ、ゾウアザラシ、ネズミイルカなどを日常的に襲うので、深手を負った被害者を海岸でよく見かけるという。

また、延縄《はえなわ》漁業で針にかかったマグロの仲間が、肉食性のサメによって無残に食いちぎられることも珍しくない。この「サメ食い」のマグロは商品価値を失い、マグロ漁は思わぬ損害をこうむることになる。貴重な漁獲物を食い荒らしたサメが延縄にかかると、漁船員はこれを船

ハオコゼを頭からのみ込むアナハゼ(伊藤勝敏さん提供)

上に引きずりあげ、怒りをこめてたたきのめす。

アカエソやオニオコゼが小魚を待ち伏せして襲う時は、小魚の頭にかみついて、目にも止まらぬ早業でのみ込んでしまう。多くの魚は尾部を振って泳ぐので、これを取り逃がさないように、逃げる小魚の体の動きが小さい部分、つまり、頭や体の中心部の胴体にかみつく。これは合理的な攻撃法である。しかし、よく観察すると、胴体にかみついても、くわえ直して頭からのみ込むことが多い。

北太平洋で多数の魚を手当たりしだいに丸のみにするミズウオダマシも、胃の内容物を調べると、ほとんどの獲物を頭からのみ込んでいる。獲物の体についた歯の傷痕から、鋭い歯で一撃を加えて脊髄を切断し、頭をくわえ直してのみ込むことが確認されている。

逃げる魚の尾部にかみつくと、尾部を強く振って逃げられるおそれがある。実験によると、獲物の尾部にかみついた場合、逃げられる確率は頭にかみついた時の数倍高くなるという。また、尾部からのみ込もうとしても、かみつかれた魚が尾部を強く前方へ曲げてJ字状になって抵抗すると、のみ込むことはむずかしい。さらに、口の中で鰭《ひれ》を立てて抵抗されると、硬い鰭の棘《とげ》がのどや食道に刺さって傷つくことになり、摂食の失敗につながる。

歯の形で食性がわかる

歯の形やならび方は、魚の摂食と深い関係がある。マダラ、ムツ、マサバ、ヒラメなどのように、動く魚や動物を襲う魚の歯は鋭くとがっていて、一度かみつくと獲物に大きな打撃をあたえ、簡単には逃さない。とくに、待ち伏せ方式の摂食をするアカエソやアンコウなどの鋭い歯は、獲物に食いついた時、口の内側へ向かっては倒れても、外側へは決して倒れない構造になっている。獲物が逃れようとして、もがけばもがくほど、ずるずると口の奥へ押しこまれてしまう。

サケの仲間では顎《あご》の動きは単純で、上顎と下顎で獲物をはさむように食いつくが、捕らえた獲物をのみ込む際に逃げられるおそれがあるので、両顎の歯に加えて、口内の天井と床の部分

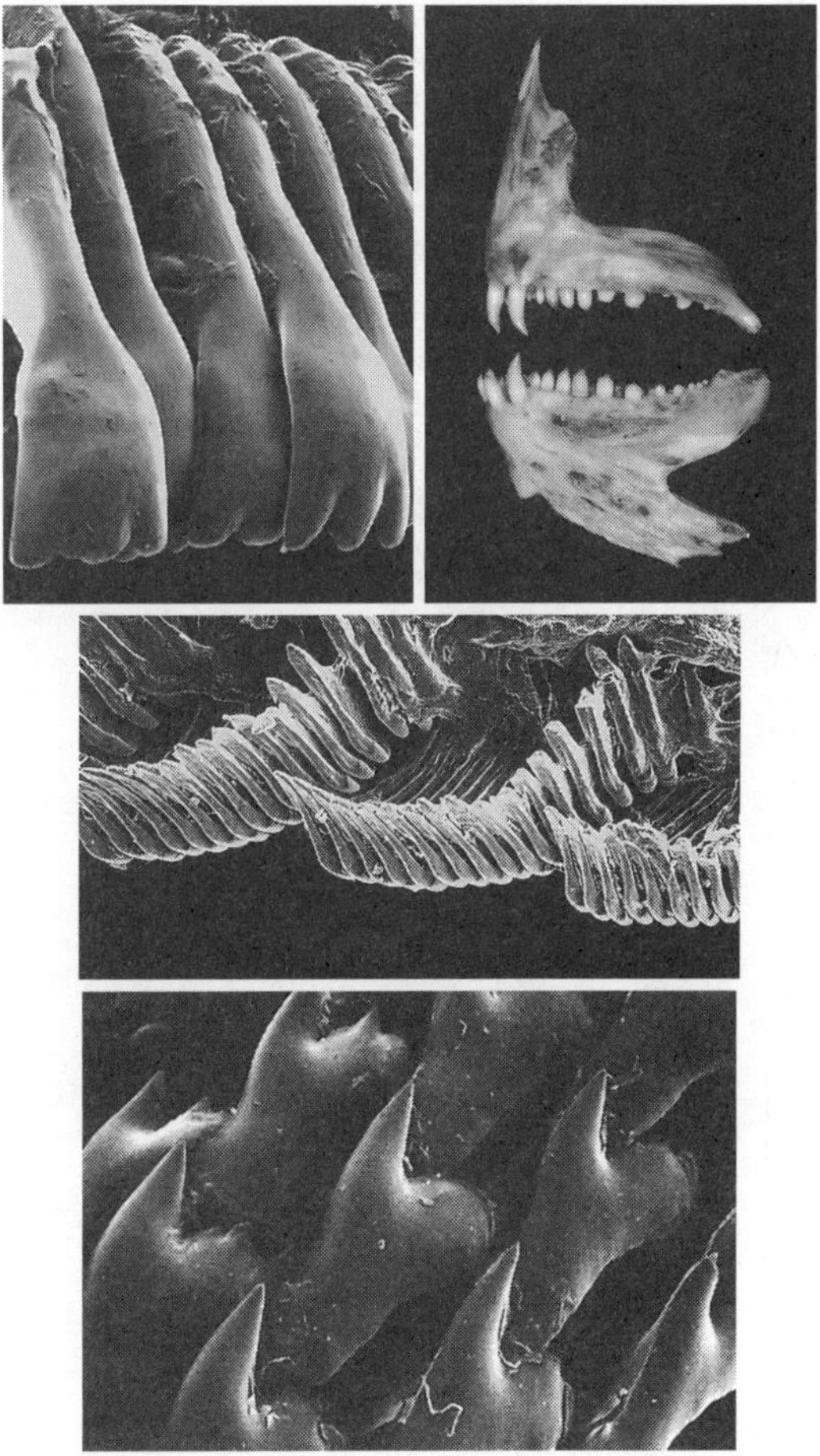

マダイの歯(右上)，メジナの歯(左上)，アユの櫛状歯(中)，ドチザメの歯列(下)

を支えるいくつかの骨に、獲物を押さえつけるように作用する多数の歯がついていて、口全体でかみつく。

タイの仲間はエビやゴカイを好んで食べるが、両顎には、かみつくのに適したとがった歯と、すり潰すのに適した臼歯のような歯とがならぶ。

イシダイやブダイのようにフジツボをかみ砕いたり、サンゴのポリプをかじり取って食べる魚の歯は、顎の歯がたがいに癒合して、顎全体がくちばし状になっている。

フグの仲間のように獲物をかみ切って食べる魚の歯は癒合して板状になり、上顎と下顎にそれぞれ二枚ずつ、計四枚の強固な歯がならぶ。

メジナの仲間、ニザダイの仲間、アイゴの仲間のように、おもに海藻などを食べる魚の歯は、先端が指状に分枝したり、切れ込みの多い木の葉のような形で、藻類をはぎ取るのに適している。

マイワシやカタクチイワシのように鰓耙《さいは》の網の目で微小プランクトンを漉《こ》しとって食べる魚の顎の歯は退化して、肉眼で確認することはむずかしい。

コイの仲間では、顎に歯がないが、代わりにのどに大きな数個の臼状の咽頭歯《いんとうし》が発達し、食物をのみ込む前に、ここでそしゃくすることができる。ベラやブダイの仲間では、顎の歯のほかに、大きくて強固な咽頭歯もよく発達し、のどで食物をすり潰すことができる。このようによく発達した咽頭歯があるのどは、第二の顎の働きをするので、咽頭顎《いんとうがく》とよばれる。

軟骨魚類、とくにサメの歯はよく発達し、構造にも配列様式にも特徴がある。両顎には、それぞれ前方から口の奥へ向かって数列の歯がならび、摂食の際には最前列にならぶ歯でかみつく。この列の歯が破損して欠けると、次の列の歯がベルトコンベヤーのように前へ押し出されて補充される仕組みになっている。たとえ破損しなくても、時期がくると最前列の歯は脱落して、後ろの新しい歯と交換される。交換の頻度は種によって、また成長段階、水温などの条件によってちがう。成長期には頻繁に交換され、ほぼ一週間ごとに歯の交換をするサメもいる。こうしてサメの仲間は、つねに性能のよい歯を用意している。

サメの仲間の歯の形は、また摂食方法をよく反映している。細くて鋭くとがった歯はかみついた時、獲物に突き刺さるようにはたらき、歯軸が多少斜めにならぶ歯は獲物にかみついた時、獲物を切り裂くはたらきをする。表面が平たい歯は硬い食物をかみ砕くのに適している。

大型の動物を襲うホホジロザメやアオザメの歯は鋭くとがり、縁はノコギリの歯のようになっている。この歯で一撃されると、獲物は致命的な傷をこうむる。

エビや底生動物を食べるホシザメの歯はやや平たく、食物をすり潰すのに適している。サザエの貝殻でも割ることができるネコザメの顎には、とがった歯と臼状の歯とがならぶ。

トビエイの仲間には貝殻でもたやすく割って食べるトビエイやマダラトビエイなどと、主としてプランクトンを摂食するイトマキエイやオニイトマキエイなどがいる。前者では顎の歯はタイルのような形で、敷石状に強固にならび、貝殻をクルミ割りのように両顎で難なくかみ砕く。この場合、最前列の歯を含む数列の歯が作用する。後者では歯は木の葉状で、歯と歯の間に隙間があり、オニイトマキエイでは上顎の歯は退化し、硬い食物の摂食に適しているとはいえない。

胃のある魚とない魚

魚の消化管を調べると、一応、食道、胃、および腸はそろっているが、その形や構造は種によってかなりちがう。

魚がのみ込んだ食物は短い食道を経て胃に送られるが、胃の形や大きさは種によってさまざまである。胃壁は伸縮性に富み、たとえば、満腹時のマサバの胃の直径は空腹時の二倍近くに膨らむ。

サメの仲間や、サケ、アユ、タイの仲間などでは、胃は入り口の噴門部から出口の幽門部へ向かってU字状に曲がって腸へつながる。マイワシ、カタクチイワシ、ウナギ、マアナゴなどでは、U字状の湾曲部に細長い管状の盲嚢《もうのう》が後方へ突き出てY字状になっている。さらに大食漢のマエソ、マダラ、カツオ、ヒラメ、アンコウなどでは盲嚢部が極端に大きく、ここに小さい幽門部が付属しているような形になっている。盲嚢部は食物の一時的な貯蔵場所になるので、この部分が発達する魚は食いだめができる。

コノシロやボラの胃は腸へつながる幽門部の筋肉が異常に厚く、鳥類の嗉嚢《そのう》のようになっていて、俗に「そろばん玉」といわれる。のみ込んだ泥、微小藻類、デトリタスなどは、ここですり潰される。

串田孫一さんは、随筆集『博物誌』で、

鯔《ぼら》のお臍《へそ》を食べたことあるかい？　こいつを食わなくちゃあ話にならない。こりこりとしていてね。そんなことを言って、腹をさきながらお臍と称する算盤玉《そろばんだま》みたいなものを食べていた人がいたが、あれは胃である。それがかたいのは胃痙攣《いけいれん》をおこしているのである。

と、ちゃかしているが、これをゆでて刺身にしたり、塩焼きにした味は捨てがたい、と美食家はたたえる。しかし、よく似た構造のコノシロの胃は、あまり話題にならない。

魚の胃にも胃液を分泌する胃腺が存在し、食物が入ると胃腺からペプシノゲンと胃酸が分泌され、胃の中は酸性になり、タンパク質の消化がはじまる。

しかし、すべての魚に胃があるわけではない。コイやキンギョなどが属するコイ科の魚、ダツ、サンマ、サヨリ、トビウオ、ベラ・ブダイの仲間、カワハギなどには胃がない。これらの魚では食道は直接、腸へつながり、のみ込んだ食物は腸へ運ばれるので、食いだめはできない。また無胃魚では胃液の分泌がないので、食物の消化は腸ではじまるが、これらの魚では食物をすり潰すのに適した咽頭歯が発達しているので、食物はのどで物理的にある程度こなされてから腸へ入ることになる。

フグの仲間やハリセンボンは胃の部分に海水や空気を吸い込んで、体を大きく膨らます。この習性は、カワハギやモンガラカワハギの仲間が口に含んだ海水を海底の砂に吹きつけて潜伏中の小動物を探しだす動作から進化した、という説がある。吸い込む海水の量がしだいに多くなり、消化管の前部までが貯水庫になって、ハリセンボンなどの防御姿勢が生まれたというのである。いずれにしても、彼らの胃に相当する部分はいちじるしく伸縮するが、胃腺がないので、消化酵素による消化の機能はない。

食性と腸の長さ

魚の腸は食物の消化と吸収の中心的役割をする点では高等動物と変わりないが、魚の腸は小腸とか大腸というように区分することは困難で、一本の管として認められるだけである。すい臓からのすい管と、肝臓からの総胆管は高等動物と同じように、腸の前端に開き、消化液はこの部分へ分泌され、腸内で消化がはじまる。しかし、腸の長さや巻き方は種によって、また食性によって大きく異なる。

植物性の食物を好んで食べる魚の腸は相対的に長く、動物性の食物を食べる魚の腸は短いといわれる。

腸の長さの目安としては、腸の全長と、体内の腸の前端の位置から肛門までの直線距離との割合で表される。たとえば、ニシン、サケ、サンマなどでは両者はほぼ等しいが、クロマグロやアンコウでは前者は後者の約一・五倍、マイワシやスズキでは二〜二・二倍、コイやウミタナゴでは約四倍、ヒイラギやメジナでは約六倍、アイゴやマンボウでは約八倍、フナやボラでは一〇倍以上といったぐあいで、この値が大きいほど腸は長く、かつ、複雑に湾曲することを意味する。ただ、肛門の開く位置によって、この値は変わるので、必ずしも腸の長短を正確に表すとはいえないが、肉食性のクロマグロやアンコウでは短く、雑食性のフナやボラでは長いことがわかる。

ニジマスでは腸は短く、ほぼ直走するが、マイワシ、ハタの仲間、マダイなどでは腸はやや長く、途中で数回湾曲して肛門へ開く。コイ、フナ、ボラ、メジナなどの腸は長く、複雑に湾曲した末に肛門へ開く。

同じヒラメ・カレイの仲間でも、腸の長さは食性を反映して、魚食性のヒラメでは相対的に短く、主として多毛類を食べるシタビラメの仲間では長く、多毛類や甲殻類などを食べるツノガレイの仲間などでは中間的な長さである。

サメ・エイの仲間の腸は、外見的には短い円筒状の形をしている。しかし、その内部には螺《ら》旋《せん》階段のような仕切りがあって、食物は腸内を回転しながら、後方へ送られる構造になっていて、消化・吸収のはたらきをする部分の総面積は見かけより広い。

「たらふく食べる」という時に「鱈腹《たらふく》」と当て字を使うくらい、マダラは大食いなことで有名である。網にかかったマダラの腹を割くと、大きな胃に大量の魚、カニ、多毛類などが詰まっていることがある。これらの動物性の食物は、まず胃で消化がはじまる。消化速度は食物の大きさや、生息場所の水温に影響される。たとえば、大西洋のマダラが水温五℃で摂取した乾燥重量が〇・一三グラムのエビと、〇・四〇グラムのエビが、胃から腸へ送り出されるまでに要する時間を比較すると、後者は前者の約二倍以上かかるという。また、水温一〇℃では消化時間は前者では約三分の二に、後者では三分の一に短縮されるという。しかし、冷水性のマダラでは、水温が一五℃を越えて高くなると、消化に要する時間はかえって長くなる。消化酵素の活性には適温があるので、適温を越えた高温下では消化作用はかえって低下するのである。

小魚やイカを大量に食べることではクロマグロもマダラにひけをとらないが、胃と、それにつづく幽門垂あたりの消化機構は、ほかの魚と多少ちがう。クロマグロは温水性の魚で、しかも、肝臓、胃、幽門垂の近くに静脈と動脈の毛細血管の網が発達していて、体側筋と同様に熱交換装置としてはたらくことは、すでに述べた。内臓を取り囲む腹部の筋肉はトロといわれるように脂質が多く、熱の体外への流出をおさえる。そのため、胃や幽門垂の温度は遊泳層の水温より三〜一〇℃ほど高いことがわかっている。クロマグロが食物をのみ込むと、胃の温度は冷たい食物の影響で一時的に数℃あまり低下するが、やがて代謝熱と熱交換装置のはたらきによって上昇する。幽門垂では腸と同じようにタンパク質や脂質の消化と吸収がおこなわれるが、やはり温度の影響を受ける。クロマグロの幽門垂中の消化酵素トリプシンの活性を調べた結果では、温度が高くなると活性も高くなり、高温を保持することによってタンパク質の消化速度は三倍になるという。胃や幽門垂など、内臓の温度を高く保持することによって、クロマグロは広い海中で小魚などの大群に遭遇すると、短時間のうちに大量に捕食し、消化することができる。こうして、むさぼり食うことによって得たエネルギーは、目ざましい成長と活発な遊泳活動に使われる。

海藻など、藻類を選んで食べる魚はそう多くいないが、ほかの食物と混食する魚は意外に多い。このような魚は消化の方法によって、おおよそ四つの型に分けることができる。

ニザダイの仲間には海藻を好んで食べる魚がいるが、その胃は強い酸性を示し、ここで海藻の細胞をある程度分解して、長い腸へ送って消化を完成させる。

ケイ藻、デトリタスなどを食べるボラの仲間は、胃の「そろばん玉」の硬い筋肉壁を利用して藻類の細胞をすり潰し、長い腸へ送り込んで消化を完成させる。ニザダイの仲間でも、胃壁がやや厚くなっていて、海藻の細胞壁を砕いて消化する魚がいる。

ブダイの仲間にもかなり頻繁に海藻を食べる魚がいるが、この仲間には胃がないので、咽頭顎で海藻をすり潰し、長い腸へ送って消化する。

海藻を好んで食べるイスズミの仲間の腸は、少し変わっている。長い腸の後部に、弁で仕切られた袋状の部分があり、その容積は胃の一・五〜二倍に達する。ここに無数の微生物が共生していて、微生物の発酵作用によって海藻を消化し、揮発性の脂肪酸に分解する。これは、ウシのような反芻《はんすう》動物の複胃の中でおこなわれる消化作用と同じ方法である。

食物連鎖の中のワックスエステル

海のプランクトンで、最も多いカラヌスというミジンコの仲間には、脂質の大半をワックスエステル（蠟《ろう》、WE）のかたちで保有する種類が多い。このようなプランクトンは寒い海域や、水温が低い深海に多く分布し、体内にWEがつまった袋をかかえている。彼らの体に含まれる中性脂質のうちWEが占める割合は、トリアシルグリセロール（TG）よりはるかに多い。活発に運動したり、あるいは飢餓状態になってTGなどの脂質が不足すると、保存袋のWEを使うようになる。WEはいわば保存食として確保しているのである。さらに、WEは比重が小さいので、動物に浮力をあたえ、昼夜によって鉛直移動をするプランクトンでは浮きの役目もする。魚がこれらのカラヌスを摂食すると、当然、WEは魚の体内へ移行する。

深海のハダカイワシの仲間などはプランクトンを食べることによって多量のWEを摂取し、すぐに消費しないで筋肉などに蓄積し、貯蔵エネルギーとして保存する。

ハダカイワシの仲間には日周的に深海と表層との間を鉛直回遊する種と、夜間も比較的深い所にとどまって大きな鉛直回遊をしない種とがある。後者には筋肉中にWEを多く含むものがいるが、前者にはWEはほとんど含まれない。暖かい表層まで鉛直回遊をすると、水温の上下変動の幅が大きく、急激な温度変化にともなって筋肉中のWEが固相から液相へ、またその逆の相転換をして、体側筋に機能障害が起こるおそれがあるため、と説明されている。

深海性の魚で、マグロ漁の延縄によくかかるバラムツやアブラソコムツの筋肉に含まれる脂質の約九〇%はWEである。私たちがこのような魚を食べると、下痢を起こすことがあり、食品衛生の見地から、これら両種は食用不適の烙印をおされている。ニュージーランド近海で漁業の対象になるヒウチダイの仲間も、筋肉や鰾の周辺に多量のWEを含む。これらの魚は、WEを貯蔵エネルギーと浮力獲得に活用していると考えられる。

ニシンやサケもWEに富むカラヌスをかなり多く摂食するが、筋肉にWEは含まれていない。これらの魚はWEを分解する酵素をそなえ、摂食後、すぐに消化し、別の脂質に変えてエネルギー源にすることが明らかにされている。魚の生活様式のちがいによって摂取したWEの使い方がちがい、その結果、同じ食物連鎖の中にいる魚でも種によってWEの含有量はちがってくる。

WEは寒海や深海のプランクトンや遊泳動物だけに含まれているのではない。サンゴ礁の近くでは、チョウチョウウオの仲間やブダイの仲間がしきりにサンゴをかじる光景を見かける。サンゴのポリプの表面は多量の粘液に覆われているが、この粘液中には高濃度のWEが含まれていて、WEを消化できる酵素をもつ魚は、この粘液を目当てにしてサンゴをつつく。試みにサンゴのポリプの粘液をかき集めて海中に浮遊させると、周辺から多数の魚が集まり、寄ってたかって粘液を食べてしまう。

サンゴの大敵、オニヒトデもWEを分解する酵素をもっていて、サンゴを好んで食べる。オニヒトデに襲われたサンゴ礁は、あえなく無残な枯れ野原と化し、海中の楽園は見る影もなくなる。

5
カズノコは正月の味？

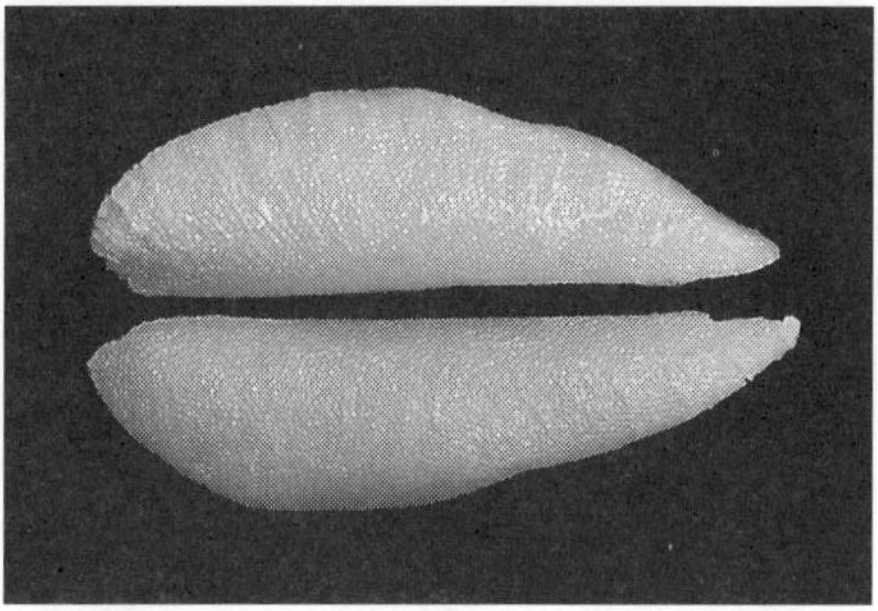

カズノコ

子孫繁栄にかけるカズノコ

今の俗新年賀客に酒をすゝめ侍るに、肴には必ず数の子を以てす。此の物数ノ子の名により、家門繁昌を祝する意なり。(天野信景《さだかげ》『塩尻《しおじり》』)

カズノコは、古くはニシンの卵巣の塩乾品、現在ではほとんどが塩蔵品で、古くから正月あるいは婚礼などの縁起物として珍重されてきた。かつて北海道西岸のニシン漁場がにぎわい、ニシン御殿が建つといわれたころ、春になると、「春告魚《はるつげうお》」の別名をもつニシンの産卵群は大挙して沿岸へ押し寄せ、いっせいに放卵と放精をするので、あたりの海水は精液で白く泡立ったという。海面が盛り上がるほどの大群の来遊を土地の人は「群来《くき》る」、白濁した海水を「群来汁《くきじる》」とよんだ。一夜に何百トンも網に入るおびただしい数のニシンと、雌の腹いっぱいに詰まった卵塊に、一家の子孫繁栄の願いを重ね合わせて、カズノコは正月を祝う肴にまつりあげられた。

数の子の数兄弟の九人かな　　一樹

ニシンは北半球の寒冷海域に生息し、太平洋と大西洋にそれぞれ一種ずつ分布する。これら二種の祖先の発祥地は北極海にあり、太平洋のニシンはおよそ三〇〇万年前の第三紀の鮮新世中期のころ、ベーリング陸橋が開いた時期に太平洋へ進出して、大西洋の種とは別の種に分化したといわれる。太平洋のニシンは日本近海、オホーツク海、ベーリング海、アラスカからカリフォルニア沿岸海域まで分布し、いくつかの地域集団に分かれている。

大西洋のニシンは北海を中心に広く分布し、彼の地でも、昔は無尽蔵といわれるほどの大群が産卵回遊をしていたようだ。古くから塩漬けにしてヨーロッパ各地で消費されていて、一四世紀にはニシンはハンザ商人をうるおすほど漁獲されていた。

近年、北海道を中心とする日本近海のニシンの漁獲量は激減し、「百万石時代」といわれた往年のニシン景気は、現在では遠い昔話になってしまった。

親ニシンの姿は消えても、カズノコの人気は衰えず、中国やカナダなどからの輸入品が代役をつとめるようになり、一時は「黄金のダイヤ」とさわがれるほど高騰し、大手企業の買い占めによる価格操作を疑われたこともあった。その後、大西洋のニシンのカズノコも加わって、今でもカズノコは大半を輸入にたよっているが、正月用には不自由なく入手できるし、夏でも、にぎりずしのメニューに加わっている。そして少子高齢化が現実味をおびてきた今日、化粧箱に上品にならべられたカズノコで正月を祝う家庭の食卓は様変わりした。

数の子や一男一女大切に　　安住敦

成熟した大型の雌ニシンは一腹に約六万粒の卵をかかえる。卵は直径一・五ミリ前後で、粘着性があり、沿岸の海草、海藻、小石、網などに所かまわず産みつけられる。

卵を包む卵膜は硬く、その厚さは卵巣内に排卵された時には〇・〇四一ミリ、産卵後の受精卵では〇・〇一九ミリになる。卵膜の構造は複雑で、外層、遠内層、内層、近内層、および下内層の五層からなる。外層は受精時まではスポンジ状であるが、受精後は収縮して、ちみつな構造に変わる。

カズノコはこりこりとした弾力のある歯触りが持ち味といわれるが、この硬い卵膜の触感によるところが大きい。

海藻などに付着したニシンの卵は外からの衝撃に耐えられるように卵膜は硬く、卵を潰すのに要する荷重を卵の強度とすると、その値は授精後に硬化した卵では平均七〇〇グラムで、一日後には最高一三〇〇グラムになることもある。卵内の発生が進んでふ化が近づくと、胚の表皮から分泌されるふ化酵素の作用で卵膜は軟化する。キャビアの代用品として輸入されるランプフィッシュ・キャビアの原料となるダンゴウオの仲間の卵の卵膜も厚くて〇・〇六ミリあり、卵膜の強度は授精後一日には硬化して二〇〇〇グラムに達する。

卵膜の成分には糖タンパク質など数種の硬タンパク質が含まれる。卵膜の内層は卵黄と同様に、雌性ホルモンの作用によって肝臓で前駆物質が産生され、血管系によって卵巣へ運ばれて形成されるという。授精後、卵膜は化学的変化によって硬化する。

天野信景さんは、また、カズノコの味わい方にも言及し、

予思ふに、是をよく煑《に》て羹《あつもの》とし侍《はべ》らばいかばかりうまかりぬべしと。即ち鍋に入て烹《に》はべりし、やゝ涌《わき》かへりしほどに取上《とりあげ》て見はべれば、卵大になり、色も白くいとつやゝかになりしかば、さればこそとて箸とりて食《くい》はべりしに、其かたき事石のごとし。いまだよく飪せざるにやとて余をよく煑侍りしに、いよいよかたくなりて食ふべきやうもなく皆捨てたりし。

と、失敗談を書きそえ、古人があみ出した食べ方に安易に手を加えても無益である、と説いている。

雌と雄

陸上の動物とちがって、水中に生息する魚の生活史を正確に追跡するのは大変むずかしい。とくに繁殖の実態はつかみにくく、ウナギが海へ下って産卵することが解明されるまでは、その出生について、信じられないような憶測があった。アリストテレスさんも、ツノザメの仲間が胎生であると正しく記述した『動物誌』に、「ウナギは泥やしめった土の中に生ずる〝大地のはらわた〟と称するもの〔ミミズ〕から生ずる」と記している。日本でも「雀《すずめ》海中に入りて蛤《はまぐり》となり、山芋《やまいも》化して鰻《うなぎ》となる」などと、まことしやかにいい伝えられた時代があった。

多くの魚は雌雄異体で、雌と雄の性に分かれているが、外見では雌雄のちがいのはっきりしない魚が多いので、産卵期になって、雌の卵巣が肥大する時期以外は、たとえ生殖巣を切開しても、雌雄の判別はむずかしい。

しかし、なかには体の表面に雌か雄の性徴が現れる魚もいて、そういう魚では外部から雌雄を見分けることができる。よく知られている性徴のいくつかを取り上げてみよう。

サメ・エイの仲間やギンザメの仲間では、雄の腹鰭《はらびれ》の内縁に沿って左右一本ずつ、すなわち一対の棒状の交尾器がついている。この交尾器は胚の時期に腹鰭と同時に形成されるので、容易に雄を特定することができる。

チダイ、コブダイ、シイラなどは成魚になると、雄の前頭部が隆起したり、こぶ状に突出してくる。

オイカワ、カワムツ、ハスなどでは、雄のしり鰭《びれ》は雌に比べてはるかに大きい。アユでは逆に雌のしり鰭が大きくなる。ウミタナゴでは雄のしり鰭は大きく、基部に腺状の構造物がついている。

ハナダイの仲間、キュウセンをはじめとする多くのベラの仲間、ブダイなどの成魚では、雌と雄とで体の色や斑紋がちがう。

サケの仲間、タナゴの仲間、オイカワ、ウグイなどでは、産卵期になると、雄または雌雄ともに、体が赤みをおびた婚姻色で彩られる。

アンコウの仲間では、鼻の大きさは雌より雄のほうが大きい。

成熟にともなう雌雄のちがいは生殖巣とは無関係と思われる臓器にも現れる。サヨリ、マアジ、シロギス、マサバ、メイタガレイなど、多くの魚で、産卵期前の成熟期に雌の肝臓が肥大することは古くから報告されていた。これは、雌の肝臓で卵黄の前駆物質であるビテロゲニンの産生が活発になるためである。

魚の産卵期は、種によって異なる。フナ、ナマズ、ニシン、マダイ、サワラ、ヒラメなどのように日照時間が長くなって、水温が上昇する春に産卵する魚、アユ、ニジマス、イシガレイ、マダラなどのように日照時間が短くなって、水温が低下する秋から冬にかけて産卵する魚、あるいは、カタクチイワシなどのように高水温がつづく温暖な海域では年に何回も産卵を繰り返す魚、と産卵習性はさまざまである。

生殖巣の成熟は温度や日照時間の周期的変化などの外的刺激を受けて、体内の内分泌系の作用が活発になってはじまる。雌の脳下垂体は、脳の視床下部から生殖腺刺激ホルモン放出ホルモンの刺激を受けて生殖腺刺激ホルモンを分泌する。この刺激ホルモンの作用によって、卵巣の濾胞《ろほう》の細胞からは雌性ホルモンのエストラジオール-17βが分泌される。このホルモンは血管系を経由して肝臓の細胞の受容体を刺激し、肝臓でビテロゲニンの合成がうながされる。肝臓で産生されたビテロゲニンは血中に放出され、成熟中の卵巣の卵に取り入れられて卵黄となり、成熟が進む。雌にエストラジオール-17βを投与することによって肝臓中のビテロゲニンの産生が促進され、その結果、血中のビテロゲニンの濃度が高くなることは実験的にも確かめられている。

　雄では、脳下垂体から分泌される生殖腺刺激ホルモンの刺激を受けて、精巣の細胞でテストステロンや11－ケトテストステロンなどの雄性ホルモンが分泌され、精子形成が進行するが、肝臓に変化は生じない。しかし、未成熟魚や雄にエストラジオール－17βを投与すると、肝臓でビテロゲニンが産生されるようになる。

卵生と胎生

　真骨魚類では、アユのように、生後一年で成熟して、生殖行動を終えると死亡する魚、あるいは太平洋のサケの仲間のように数年かかって成熟して母川へ帰って一回の生殖行動後に死亡する魚もいるが、これらはむしろ数少ない例外で、多くの魚は寿命が二年以上あり、成熟年齢に達すると、何年かにわたって生殖行動をする。

　はじめて生殖行動に参加する年齢は種によってちがい、マイワシのように生後一年で成熟する魚もあれば、オヒョウのように一一年を経てはじめて成熟する魚もいる。また同一種であっても成熟年齢が雌雄そろっている種と、雌雄いずれかが早熟で、雌雄によってちがう種とがある。

さらに、体内の生理的要因や環境要因の影響によって成熟年齢が変化することもある。乱獲などの影響で集団の生息密度が低下すると、成長がよくなり、成熟年齢は若くなる魚も知られている。キグチについての東シナ海の調査では、一九五一〜六〇年には三歳魚の約七〇%、四歳以上のすべての雌が産卵に加わっていたが、漁獲量が大幅に減った一九七二年には雌の成熟年齢はほぼ一年早くなり、二歳魚の九二%以上が産卵に参加し、産卵数も多くなったことが明らかにされている。同様の現象はマアジやスケトウダラにもみられる。魚は個体数の減少の危機に直面すると、種族維持のため早熟になるといわれる。

卵形成が完成して産卵期になると、雌の卵巣の濾胞内で成熟した卵は吸水して卵巣の中へ排卵される。多くの魚では成熟卵は輸卵管をとおして体外へ産出される。その瞬間に近くの雄が放精して受精する。この場合、雌雄がペアになったり、あるいは多数の雌雄が入り乱れたりして、産卵行動は種によってちがい、多様である。受精した卵は水中で発生が進む。このような繁殖法を卵生という。

卵生の場合、多数の受精卵はふつう産みっぱなしにされるが、子孫の安全な出生を願うかのように、発生中の卵を親が保護する例もある。二、三の例を紹介すると、水底に巣をつくるイトヨやスズメダイの仲間では雄が受精卵を保護するし、海底に孔道を掘って産卵するマハゼなども受精卵を雄が保護する。テンジクダイやネンブツダイなどの雄は、受精した卵塊を口内にほおばって保護する。ヨウジウオやタツノオトシゴの仲間では、受精卵は雄の腹部の袋の中で保護される。きわめつけは、タナゴの仲間で、産卵時の雌は長い産卵管を二枚貝の鰓腔《さいこう》内にさしこんで産卵するが、その瞬間にそばにつきまとう雄が放精する。その後の受精卵の保護は貝に委託する。

軟骨魚類の卵は、すべて交尾によって体内受精をする。ネコザメ、ナヌカザメ、ガンギエイの仲間、ギンザメの仲間などでは、雌の体内で受精した卵は、角質の卵殻につつまれ、海中へ産出されて胚発生が進む。しかし、多くのサメの仲間やアカエイの仲間などでは、受精卵は雌の輸卵管の中でふ化して、若魚になるまで発育した後に産出される。輸卵管内の胚は、哺乳類の胎児とちがって、ふつう母体と結びつく真の胎盤はできない。このような胚発生を卵胎生といって区別することもあるが、何らかのかたちで母体から栄養の供給を受けているので、広い意味では胎生といえる。胎生は軟骨魚類に限らず、真骨魚類でも、カダヤシの仲間、ウミタナゴ、メバルの仲間などにもみられるが、卵生の魚と比べると、子魚の数は多くない。メバルの仲間は例外で、母体内で数万匹の子魚がふ化する。

胎生の形式にもいろいろあるが、子魚の栄養源を基準にして、いくつかの型に分けることができる。

アブラツノザメ、シビレエイ、メバルなどは、主として子魚自身が保有する卵黄を栄養源として、ある大きさまで発育すると産出される。

母体内で数十センチ以上に育つネズミザメやオナガザメの子魚は、大きな卵黄嚢をかかえているが、卵黄を消費しつくした後も、輸卵管内にとどまり、あとから排卵されてくる卵を食べてさらに発育する。これは一種の共食いである。大西洋のネズミザメの雌の体内からは、卵黄が充満して長径一〇・五〜二〇センチに膨れた胃をもつ三五〜四五センチの子魚が見つかっている。

アカエイやトビエイの子魚は卵黄を消費してしまうと、母体の輸卵管の表面に発達する多数の突起物から分泌される乳状液の供給を受けて発育する。

ヨシキリザメやシロザメの子魚は卵黄が残り少なくなると、卵黄嚢の先端から細かい糸状の枝分かれが生じ、母体の輸卵管の表皮と接着して、胎盤状の構造ができ、母体から栄養物質の供給を受けて発育する。これは真の胎生の様式に近い。

ウミタナゴは交尾後、およそ半年たって卵が成熟し、卵巣の濾胞内または卵巣の中で待機していた精子によって受精する。母体内でふ化した子魚の赤血球は大きくて低酸素下でも呼吸効率がよく、また、背鰭やしり鰭には血管網が発達し、卵巣内に分泌される栄養物質を吸収して発育する。

産卵時の成熟した卵の大きさや産卵数は、種によってかなりちがう。卵巣内で成熟中のすべての卵が同時に完熟して一度に産卵されることは少なく、何回かに分けて産卵されることが多い。また、産卵が長期にわたる魚では、卵は連続的に成熟し、産卵が繰り返されるので、卵巣内の卵数、すなわち抱卵数と実際に産出される産卵数とは必ずしも一致しない。当然のことながら、産卵数は大型卵を産む魚では少なく、小型卵を産む魚では多い傾向がある。しかし、産卵数を左右するのは卵径より魚体の大きさで、大型種ほど産卵数は多い。また、同一種では卵数は小さい雌より大きい雌のほうが多い。一年に何度も産卵する魚では、産卵数は産卵初期に多い傾向がある。

一般に軟骨魚類の卵は真骨魚類に比べて大きく、抱卵数は少ない。受精卵の卵径と母体内の子魚数はアブラツノザメでは約四センチで一一〜一三匹、ホシザメでは二センチで二〜二二匹、ヨシキリザメでは二センチで数十匹、ネズミザメでは卵径は明らかでないが、子魚数は四〜五匹であるという。

受精後、海中へ産出されるネコザメ、トラザメの仲間、ガンギエイの仲間などの卵は大きな卵殻に包まれている。これらの卵殻は多量のコラーゲンで補強されると同時に、胚の呼吸に必要なガスは透過できる構造になっている。この硬い卵殻は発育中の胚を、捕食者の攻撃や、波浪の衝撃から保護する。サメ・エイの仲間の一回の排卵数が少ないのは、大型の卵と、卵殻の形成に時間がかかるためといわれる。

浮性卵と沈性卵

真骨魚類の卵は軟骨魚類の卵と比べると小さく、卵径は一ミリ前後のものが多いが、なかには比較的大型の卵もあり、卵径はサンマでは二ミリ、ハタハタでは三ミリ、サケでは七ミリに達する。抱卵数は親魚の大きさによってちがうが、比較的多く、マダイで三〇万~四〇万粒、スケトウダラで二〇万~二〇〇万粒、マダラで一五〇万~二〇〇万粒、マコガレイで一五万~三〇万粒、ハタハタで約二〇〇〇粒、サケで三〇〇〇~六〇〇〇粒である。

卵の性質は大きく分けると、水に浮遊する浮性卵と、水底に沈む沈性卵とになる。浮性卵は海水魚に多く、沈性卵は淡水魚に多くみられる。河川のような流れのある場所で浮性卵を産むと、卵は下流へ流されてしまうので、流されにくい沈性卵は流域が短い日本の河川にうまく適応している。

マイワシ、カタクチイワシ、マダイ、イシダイ、スズキ、マサバ、クロマグロ、ヒラメなどの卵のように、産みっぱなしにされる浮性卵は、ほとんどがばらばらに浮遊するので、分離浮性卵とよばれる。また、アンコウ、ハナオコゼ、ミノカサゴの仲間などの卵のように、多数の卵がゼラチン質の帯状の平たい袋に包まれて浮遊する凝集浮性卵もある。

海洋の表層では、塩分や酸素量など、環境条件は比較的安定しているから、浮性卵は海流にのって広範囲に広がっても、発生に大きな支障はなく、子孫の分布域を広く分散させることが可能で、種族維持の面では有利にはたらく。

沈性卵は、サケの仲間のように粘着性がなくて川底に沈む型、マダラ、アイナメ、ハタハタなどのように特別の構造はないのに粘着性があって、水底にかたまって沈む型、ハゼの仲間やスズメダイの仲間のように粘着糸の束によって産卵床に粘着する型、アユ、ワカサギ、シラウオなどのように外卵膜が反転して砂や小石に付着する型、ダツの仲間のように付着糸によって海藻や水草などに絡みつく型など、いくつかの型に分けることができる。

海水魚の浮性卵と沈性卵の大きなちがいは、文字どおり卵が海中で浮遊するか、沈むかである。浮性卵が浮遊するためには浮力を得る必要があるが、浮力の増大には水分と脂質の役割が大きい。

たしかに脂質は浮性卵の比重軽減に役立つが、その効力は脂質の成分によってちがう。浮性卵の脂質のうち比重が小さいワックスエステルが占める割合が大きいと、卵の浮力は増大する。たとえば、アメリカ東部沿岸海域に分布するニベの仲間の卵に含まれる総脂質は約二四%であるが、その二九%がワックスエステルで、貴重な栄養源となるとともに、低塩分海域の浮遊にも適応しているという。スケトウダラの浮性卵には約八%の脂質が含まれ、その二六%がワックスエステルで、卵の浮力獲得に寄与している。また、浮性卵を産むボラの卵巣卵は約八%の脂質を含むが、そのうち七五%がワックスエステルである。この卵巣の塩乾製品が珍味カラスミで、当然、これには高濃度のワックスエステルが含まれている。カラスミを大量に摂取すると下痢の症状を引き起こしかねないが、幸いなことに高価なカラスミは薄切りにして、なめるように賞味するのでその心配はない。

浮性卵と沈性卵を比較して、脂質以上に大きくちがう成分は水分である。水分含量は浮性卵では九〇%近くあるのに対し、沈性卵では六〇〜七五%しかない。海水中では、卵内の水分は海水より比重が小さいので卵は浮きやすくなる。多くの浮性卵は小型で、卵膜が薄く、油球を含み、短時間のうちに器官形成が不十分な状態でふ化する。

一方、沈性卵は相対的に大型で、卵膜が厚く、油球も多いが、ふ化するまでに要する時間が長く、ふ化時には各器官は完成に近い状態にある。沈性卵は水分含量が少なく、卵黄が多く、比重も大きいが、脂質は浮性卵より多く含まれることもある。大西洋のニシンの卵は沈性卵だが、脂質含量は一六〜一八％で、大西洋のマダラ浮性卵の一〇〜一二％より多い。サケの卵の脂質含量も約一七％に達する。脂質含量が比較的多いのは、沈性卵の多くはふ化するまでに要する時間が長く、長期にわたる卵内の胚発生の栄養源として利用されるためである。

また、沈性卵は海底の岩、砂、海藻などに接触するので、卵の保護のために硬い卵膜で覆われる例が多い。ニシン、ダンゴウオ、ハタハタなどの卵の卵膜は厚く、強度も大きい。北海産のツノガレイの卵は浮性卵ではあるが、比較的大きく、卵径が二ミリ前後、卵膜もやや厚くて〇・〇一五ミリで、授精後の強度の最高値は四〇〇グラムを示すが、これはむしろ例外である。ちなみに大西洋のヌマガレイの仲間の浮性卵は卵径が〇・八ミリ、卵膜の厚さが〇・〇〇二五ミリ、強度の最高値が一〇〇グラムである。

海水魚のなかには、ダツの仲間やハゼの仲間などのように、同じ分類群に属する多くの種がそろって付着糸のついた沈性卵を産む例があり、卵の形態は重要な分類形質になる。ところが、多くの種が浮性卵を産む分類群のなかに、沈性卵を産む種が混在する例もある。たとえば、同じカレイ科に属していても、ほとんどの種が浮性卵を産むのに、マコガレイ、クロガシラガレイ、アサバガレイなどは沈性卵を産む。カレイの仲間の卵はもともと浮性卵であるが、寒冷地の浅海域で産卵するこれらの種は、受精卵の凍結を避けるように適応したのではないかと考えられている。

また、タラ科に属するスケトウダラや大西洋のマダラは浮性卵を産むが、日本近海のマダラは沈性卵を産み、近縁種の卵の性質を比較する際に混乱することがある。一八八四年に内村鑑三さんが「鱈ノ発生」と題して大日本水産会報告に「抑《そもそ》モ諸君ノ既ニ熟知セラル、如ク鱈魚ノ卵ハ水ヨリ軽クシテ水面ニ浮遊セリ」と紹介して以来、日本では古くからマダラの卵は浮性卵と信じられてきた。日本の稚魚研究の基礎を確立した内田恵太郎さんは、マダラの人工授精卵の研究をはじめたころ、マダラの卵は決して浮遊せず、定説とちがうことに疑問をいだいて、野外調査と実験を重ね、日本近海のマダラの卵は沈性卵であることを証明した。その苦労を研究自叙伝『稚魚を求めて』で回顧したうえで、「自然現象の研究をするときに、先入観に捕われることは禁物である」と、研究の基本姿勢を説いている。

浮性卵を産む魚のなかには、近縁ではない分類群に属しながら、きわめてよく似た特徴のある卵を産む魚が知られている。たとえば、キュウリエソ、ミシマオコゼの仲間、ネズミゴチの仲間、メイタガレイなどの受精卵の表面は、微小な六角形の網目模様、俗にいう亀甲模様で覆われている。網目模様は卵の表面に直立する細い薄板によって構成されるが、この構造物の役割については、卵の沈降を抑制するとか、卵膜に対する衝撃を和らげるとか、いくつかの説がある。六角形の網目は球面を強固につなぐといわれ、この亀甲模様は、薄くて硬化度の低い卵膜のバンパーの役目をする可能性も否定できない。

ところで、私たちは卵巣の成熟卵を真子《まこ》とよんで、マダイの子、ムツの子、ハモの子などは、うま煮がよいとか、玉子とじがよいとかいって、好んで食用にするばかりでなく、ニシンのカズノコ、サケのイクラ、スケトウダラの辛子明太子、ハタハタのブリコ、チョウザメのキャビア、ボラのカラスミなど、加工した魚卵を手当たりしだいに食べる習慣がある。

卵だけではない。成熟した精巣は白子《しらこ》と称して食べる。とくに、トラフグの白子は無毒で、中国、春秋時代の越の美女の名をとって「西施乳《せいしにゅう》」といって、フグ愛好家に喜ばれる。フグの卵巣は成熟すると毒の量が急増するが、精巣はなぜ毒化しないのか、と問われることがある。雌の成熟にともなって肝臓で産生されるビテロゲニンといっしょに、肝臓のフグ毒が卵巣へ移行して卵黄内に蓄積されると考えると、この謎は解けるような気がする。だが、仮にそうだとすると、内分泌攪乱《かくらん》化学物質、いわゆる環境ホルモンが海にも拡散しつつある昨今では、ビテロゲニンは雄の肝臓でも産生される可能性があり、フグの白子は無毒だと安心してはいられなくなる。
吉田健一さんは、美食の記録『私の食物誌』に、

その形が唐の時代の墨に似ているので唐墨と言うのだと出ている。そうするとこれも魚の卵でこの他に筋子、カヴィア、数の子と魚の卵が食べものになっているのが色々ある中で死ぬ危険を冒しても一度は食べて見るのに価する河豚の卵と対照をなすものにこの唐墨がありこれはそういう優しい味がするものである。

と、長崎のカラスミを称賛している。
しかし、種族維持のよりどころとなる卵を横取りされる魚にしてみれば、無念ではすまされない思いをしているにちがいない。魚の苦境を思いやれば、猛毒を蓄えるフグの仲間の卵に、危険をおかしてまで食指を動かす必要はないだろう。

雌雄同体と性転換

魚が成熟すると、雌では卵形成が進み、雄では精子形成が進むのがふつうである。しかし、

種によっては生殖巣に卵巣と精巣の両性を同時にそなえる雌雄同体現象がみられる。ニシンやタラの仲間などに、時として雌雄同体の個体が出現することは古くから報告されているが、これはあくまでも異常な個体である。

ところが、ハタの仲間、ベラの仲間、クロダイ、クマノミの仲間、キンチャクダイの仲間など、かなり多くの分類群では、ほとんどすべての種で、一生のうちのある時期に雌雄同体になることが明らかになっている。その場合、成熟の過程で、まず卵巣の部分か、精巣の部分のいずれか片方が成熟して生殖行動に加わる。その後に性転換をして逆の性になって成熟する。まれな例ではあるが、大西洋のヒメコダイの仲間のように、卵巣部分と精巣部分とが同時に成熟して、二匹が卵と精子を交互に放出して受精する魚もいる。

魚の性転換には、成長の過程で、はじめに卵巣部分だけが成熟し、雌として産卵をした後に、さらに成長すると性転換をして生殖巣が雄になる雌性先熟型と、最初は精巣部分が成熟して雄として行動した後に、性転換をして雌になる雄性先熟型とがある。

雌性先熟型の例としては、サクラダイ、キンギョハナダイ、キュウセン、ホンベラ、ホンソメワケベラ、タテジマヤッコ、タウナギなどが知られている。ベラの仲間の多くは雌と雄とで体の色や斑紋がちがうので、性転換にともなって色模様も変わる。たとえば、キュウセンの雌は赤みをおびていてアカベラとよばれ、雄は青みをおびていてアオベラとよばれる。

雌から雄への性転換のきっかけは一様ではないが、雄と雌との力関係に影響されることがある。ホンソメワケベラはサンゴ礁で一匹の雄が数匹の雌を従えてなわばりをつくり、小さいハレムができる。なわばりの直径は三〇〜一〇〇メートルで、サンゴ礁にはこのようななわばりがたがいに接するようにできる。雄はなわばりの中で最も大きく、親分のような存在になっている。雌から雄への性転換は、雄の死あるいは失踪が引き金になってはじまることが多い。雄の死後三〇分ころから、最も大きい雌が体をふるわせてほかの雌に接近し、雄特有のしぐさをはじめる。この雄化する雌の両性生殖巣では精巣部分の成熟が急速に進み、数日後には雌の産卵行動を誘うことに成功するが、精子はまだ十分に成熟していないので、授精することはできない。二週間後には精巣は完熟し、名実ともにハレムを支配する雄になる。ただ、雄の死後、そのハレムの中の最も大きい雌が決まって性転換するとはかぎらない。隣のハレムの雄が侵入してきて、雄が不在のハレムを併合してしまうことがある。雄化候補の雌は侵入者を追い出そうとして戦い、追い出しに成功すれば、晴れて雄に性の転換ができるが、侵入者に乗っ取られてしまうと、性転換ができず、雌のままいなければならない。

しかし、ハレムの中の雌の数が多くなると、往々にしてこの秩序は乱れる。ハワイのサンゴ礁でニシキベラの仲間について調べた結果によると、人為的に多数の雌を加えた集団では複数の雌が同時に雄に性転換をしてしまったという。

雄性先熟型の例としては、クロダイが有名である。クロダイは若いうちは雌雄同体の生殖巣をそなえていて、二〜三歳までは精巣だけが成熟して雄として行動するが、三〜四歳になると卵巣が成熟して雌に性転換する。しかし、一部は雄のまま年を重ねる。雄として成熟するか、雌として成熟するかの鍵をにぎっているのはホルモンである。雄として成熟する両性生殖巣では、産卵期前に血中の雄性ホルモンの11‐ケトテストステロンも雌性ホルモンのエストラジオール‐17β（E2）も一時的に増加するが、前者の量が多く、精子形成は進むが、卵母細胞は成熟しない。

クロダイが性転換をするときには、脳下垂体から分泌される生殖腺刺激ホルモンの血中濃度が上昇し、これが引き金となって、生殖巣の細胞では、雄性ホルモンを雌性ホルモンに転換させるホルモンのアロマターゼの活性が高くなり、肝臓でビテロゲニンの産生が進み、卵巣部分が成熟する。

二歳のクロダイの雄にE2を経口投与すると、性転換をして雌になることも実験によって確かめられている。

最近、魚の性転換にかかわる問題として、排水中に含まれる内分泌攪乱化学物質による水質汚染が憂慮されている。アメリカでは、分解過程でノニルフェノールを生成する工業用洗剤などが広く使われているが、これらが排水とともに川や沼に流入してワニや魚の体内に蓄積されると、雌性ホルモンのエストロゲンと同じような作用をし、雄の雌化がうながされることが判明して大きな社会問題になった。ノニルフェノールは、また、合成樹脂のポリスチレン製品などにも酸化防止剤として添加されていて、この製品を使っているうちに溶出することがある。同様にポリカーボネート製品から溶出するビスフェノール-Aもエストロゲンによく似た作用をすることがわかってきた。

内分泌攪乱作用は、フェノール類、フタル酸エステル類、有機塩素系化合物の分解生成物など、想像以上に多くの化学物質によって引き起こされる疑いが次々に明らかにされている。こうしてさまざまの内分泌攪乱化学物質が地球上に蔓延すると、最悪の場合には脊椎動物の雄の機能は奪われ、雌雄性の存在基盤が崩壊する事態にもなりかねない。

このような異変は世界各地の魚にも起こっていて、イギリスの釣り愛好家は、下水道処理場近くの川には、雌雄の判別ができないハヤの仲間が異常に多いことを早くから指摘していた。調査の結果、この処理場に流れ込む合成洗剤の分解生成物のなかにノニルフェノールがあり、この水溶液にさらされた魚の雄の体内では、吸収されたノニルフェノールは活性が低いもののエストロゲン類似の作用をして、肝臓でビテロゲニンの産生をうながし、雌化することが確認され、ことの重大性を世間に知らせた。

この問題に関心が高まって調査がおこなわれた結果、日本でも、河川の水や港湾の底泥からノニルフェノールやビスフェノール-Aなどが検出されたり、性転換をするはずのないコイやマコガレイなど、身近な魚でも、内分泌攪乱化学物質が原因と疑われる雌化現象が見つかっている。

雌雄性のはっきりした魚でさえこのような影響を受けるのであれば、クロダイのように雄から雌に性転換をする魚では、これらの化学物質の影響によって性転換の弱齢化が進み、繁殖に支障をきたして種族維持ができなくなるおそれは十分ある。

6
春を告げる白魚漁

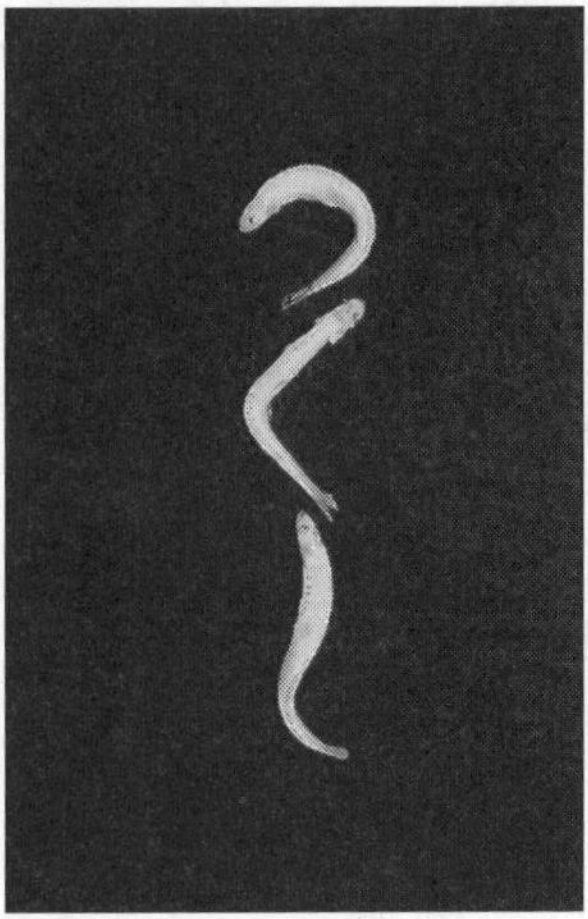

「つくし」の名を描くシロウオ

シロウオかシラウオか

同じく「白魚」と書いても、「シロウオ」と読むか「シラウオ」と読むかによって、まったく異なる二種の魚を意味する。どちらも体は半透明で、晩冬から春に産卵のために河口域に現れる小型の魚である。古くから伝わる漁法といえば、ふつう前者は川に築いた梁《やな》、後者は四つ手網であるが、シロウオを四つ手網ですくい上げる地方もあるので、江戸時代の俳句に詠まれた「白魚」の判断に苦しむことがある。

九州、博多の春は、室見川《むろみがわ》にさかのぼるシロウオとともに訪れる。シロウオはハゼ科に属し、体長は五センチほどで、やや飴色がかり、腹鰭《はらびれ》は胸鰭《むなびれ》の下方にあって吸盤に変形し、体の中央に小豆粒《あずき》のような鰾《うきぶくろ》が透けて見えるのが大きな特徴になる。

この魚は生きた状態で料亭の席に出され、踊り食いという残酷な食べ方が有名である。鉢の中を泳ぐシロウオをすくって酢醤油につけて丸のみすると、のどを刺激する感触がたまらないと食通はいう。料亭には踊り食い、吸い物、玉子とじ、てんぷら、などとコースの料理がある。

この魚を吸い物にすると、透きとおった体は真っ白になってねじれ、「つ」、「く」、「し」の形になり、「死んで筑紫の名を描く」と博多の人はいう。

シロウオの生活史を知りつくした内田恵太郎さんは歌文集『流れ藻』に、

吸物のしろうをがかくつくし文字室見の川に春まだ浅き

という短歌をのせ、体の構造に基づいて「つ」の字になるのはすべて雄で、「く」と「し」の字になるのは雌であると解説している。そのわけは、熱によって体側筋が収縮するが、雌の体の中軸にある卵巣に卵が充満しているので、体の後半部が曲がって「く」または「し」の形になる。一方、雄の精巣は成熟してもあまり目立たず、軟らかいので、体は丸く曲がって「つ」の形になりやすいというのである。しかし、この魚はどのように曲がっても「はかた」の字を描くことはできない。

シロウオは室見川の特産というわけではなく、南は鹿児島から北は北海道南部まで分布し、海と河口の水温差がなくなるころ、産卵のためにさかのぼる。産卵期は、九州では二月、近畿から東海では三月、日本海沿岸では三〜四月、青森では五月というように北方ほど遅くなる。

シロウオは川の下流の砂地を産卵場とし、まず雄が砂を掘って巣づくりをはじめる。この間に雌は完熟し、雄に誘われて巣の天井部となる石の下面に数百個の卵を産みつけ、雄は放精する。その後、雌は巣を去るが、やせ衰えた体は魚や鳥の餌食《えじき》となり、難を逃れても満一年の生涯を閉じる。雄は石に付着糸でぶら下がる長楕円体の受精卵がふ化するまで、不眠不休の見張りをつづける。二〜三週間でふ化した約三ミリの子魚は、しばらく巣の中にいるが、やがて浮上すると川の流れに押されて海へ運ばれる。子魚の巣立ちを見届けると、雄も精根尽きて川の流れに身をまかす。海に入った子魚は翌年の春までに約五センチに成長し、産卵のために川へ上る。

このか弱い魚の漁獲量は、各地で減少の傾向がいちじるしい。河川の水質や底質の汚染が取りざたされているが、シロウオの資源量が減退していることはまちがいない。環境省評価では準絶滅危惧種、高知県レッドデータブックでは絶滅危惧種になっている。

此もの諸国に産多し、然共《しかれども》尾張名古屋より出るものを上品とす、東海にも昔はなかりしを、当将軍家に至て、名古屋より魚苗を取て、武州品川表の内海に入させ給ふて、当代は江戸の海にも白魚産すといへり。

と、四時《しじ》堂《どう》其《き》諺《げん》さんが『滑稽雑談《こっけいぞうだん》』で解説する白魚はシラウオで、シラウオ科に属し、アユに近縁の魚である。体長九センチたらずで、腹鰭は胸鰭よりはるか後方にあり、背鰭と尾鰭の間に脂鰭《あぶらびれ》がある。頭の先端が平たくて、細くとがるのもシロウオとの相違点になる。雄は雌と比べてしり鰭が大きく、基部に鱗状板《りんじょうばん》が一列にならぶ。

シラウオは北海道から九州まで分布するので、江戸湾の汽水域にも生息していたはずである。将軍家のためにわざわざ三河から移植したという伝説があるが、佃島へ移住した漁民が隅田川でシラウオ漁をはじめ、それが誇張されて、風説が生まれたのだろう。あのあたりで篝火《かがりび》をたきながら四つ手網をしかける漁法は、江戸の早春の風物詩となっていた。

しらうをの骨身を浹《とお》す篝《かがり》かな　　暁台

しら魚や子にまよひ行隅田川　　吏登

頭骨の奥に白く透けて見える脳を将軍家の葵の家紋にたとえたり、また、挟箱《はさみばこ》に納めて献上する春の行事が知れわたって、シラウオは江戸の人々の関心をよび、俳句や川柳はもとより、歌舞伎の台詞や、安藤広重さんの版画にも登場した。

シラウオも一年で成熟し、早春に川の下流域、あるいは汽水湖の岸近くで産卵して生涯を閉じる。ふ化した子魚は海へ下って成長し、翌年の春に産卵のために川へ上るというのがシラウオの生活史の定説になっていた。しかし、各地の調査で、汽水湖の子魚群は湖の中で、河川で生まれた子魚群は河口域または沿岸の汽水域で発育し、本格的な海中生活をすることなく、一年後には成熟することが明らかにされている。

一腹の卵数は一〇〇〇〜二〇〇〇粒で、産卵と同時に受精すると、多数の糸状膜からなる傘のような外卵膜が反転して付着糸の束となり、砂や小石に付着する。外卵膜が反転する仕組みはアユやワカサギの受精卵の付着機構とよく似ている。水温一五℃では約一〇日で四ミリほどの子魚がふ化する。

てんぷら、玉子とじ、わん種、白魚飯など、いろいろの食べ方があるが、水分が八二・六%と多いのに対して、脂質は二%と少なく、淡白な味が売り物である。

シロウオもシラウオも、ともに半透明の小さい体で、イワシの仲間にたとえるとシラス、つまり稚魚の段階で成熟するので、幼形成熟といえる。水分含量も多く、稚魚なみである。各器官は一応整っているが、構造は比較的単純で、消化管は直走し、骨の骨化も不十分な状態で生殖巣は成熟して産卵期を迎える。河口とか汽水域のごく限られた生活圏で、短期間に世代を重ねられるように適応したのだろうが、河口域や汽水湖の環境が大きく変わりつつある今日では、彼らは存亡の危機にさらされているといっても過言ではない。

シラス干しはカルシウムのカプセル

檀一雄さんは飲食《おんじき》旅行記『美味放浪記』に、

おまけに、宿の主人がドロメを運んできてくれた。ドロメと云うのは、おそらく白魚の子か何かだろう。乾かせばシラス乾しになるような極小の小魚を、ナマのまま向う付けに盛って、その上に、柚子《ゆず》酢味噌のようなものをかけて喰べるだけだ。

変哲もない酒のサカナだが、本当のドロメにお目にかかるのは、もう五年ぶりのことなのである。私は仕合せを感じながらも、少々うしろめたいような気持になった。

と記して、ドロメの味を称賛しながらも、稚魚の乱獲につながることを気にかけている。

ドロメは高知の郷土料理の一つで、近くの海から水揚げされた新鮮なシラスを二杯酢や泥酢《どろず》につけて味わうもので、高知ではカツオのたたきと同様に賞美され、ドロメ祭りが催されるくらいである。

シラスはイワシの仲間の稚魚の総称で、生時の体はシラウオのように透きとおり、海の表層で群れをなしてプランクトンを食べながら浮遊生活をする。半透明の体は、かまゆでをして干すと白くなるので、この名がある。関東では生乾きが好まれ、「シラス干し」の名で売られる。関西ではよく乾燥したものが「チリメンジャコ」の名で出回り、ゆでたままで干さないものは「かま揚げ」の名で売られる。成魚の味ではカタクチイワシはマイワシにおよばないが、シラス干しではカタクチイワシが上物とされる。稚魚とはいえ、骨の形成はすでにはじまっていて、魚体一〇〇グラム中のカルシウム含量が五二〇ミリグラムあるうえに、無機質、タンパク質、ビタミンB_1など、栄養素が濃縮されているシラス干しは優れた健康食品である。魚の骨は、動物実験によって、骨の強度を増強し、骨粗鬆症の予防に効果があるばかりでなく、余分な中性脂質の蓄積を抑制する成分も含むことが明らかにされていて、魚の骨を食べやすい状態で内蔵するシラス干しの効用は大いに期待できる。

キュウリもみ、ちらしずし、チリメン山椒など、食べ方は多彩で、需要が多いので、日本では大量のカタクチイワシやマイワシの稚魚を漁獲してシラス干しにする。その結果、シラスの年間の漁獲量は五万トンを下らず、乱獲を懸念する声も少なくない。一匹の平均的な体長は二〜三センチ、体重は〇・一グラム弱とすると、五万トンといえば、少なく見積もっても五〇〇〇億匹以上になる。もし、これらのシラスが生き残ってカタクチイワシやマイワシの成魚になると仮定したら、相当量の漁業資源が生まれるという計算になる。しかし、海の中では、不毛の海域があって食物不足から飢餓に陥ることもあるし、また、無数の外敵がいて、生存競争が激しいので、子魚や稚魚の生残率がきわめて低いこともまた事実である。

海中に産卵されたおびただしい数の浮性卵からふ化した子魚はしばらくの間、海の表層で浮遊生活をするが、この時期は死亡率が最も高い受難の時である。子魚はもって生まれた卵黄を消費すると、自ら食物を探さないと生存できない。広大な海では、子魚の食物となる微小なプランクトンの分布にはむらがある。海流によって食物の少ない海域へ運ばれた子魚は、飢え死にする羽目になる。

子魚は、また、多くの動物プランクトンに混じって浮遊するので、この間に捕食者に食われてしまうおそれもある。たとえば、カタクチイワシの子魚はミジンコの仲間やオキアミの仲間の格好の食物になっている。カリフォルニア沖の調査では、一匹のオキアミは一日に平均一七匹の子魚を食べることが明らかにされている。カタクチイワシが産卵する海域に生息するオキアミの数から推計すると、一日一平方メートルの海域で食べられてしまうカタクチイワシの子魚は実に二八〇〇匹を越えるといい、子魚の死亡率が想像以上に高いことを物語っている。

日本近海でもカタクチイワシの思わぬ大敵がいる。夜の海で幻想的な光の粒となって光る夜光虫は、大きさがほぼ等しいカタクチイワシの楕円体の卵を捕食する。遠州灘では夜光虫が大発生すると、その年のシラスの漁獲量が大きく落ち込むとさえいわれる。卵の時期から浮遊生活を経て若魚期にいたるまでに、多くの動物に食われたり、必要な食物を探しだせずに飢え死にしたり、あるいはシラス干しの材料になったりして、カタクチイワシが払う犠牲は決して小さくない。

マアナゴの子魚はウナギの子魚と同様に、体が半透明で、柳の葉のような形をしていて、レプトセファルスとよばれる。この幼生は全長約一三センチまで成長すると、変態して、さお秤《ばかり》のような形になるが、この時、体内の水分が減少して約七センチに収縮する。マアナゴのレプトセファルス幼生は比較的まとまって漁獲され、これを「のれそれ」と称して、生食する地方があるが、マアナゴの資源を大切にしようとすれば、手放しで推奨できる食べ方とはいえない。

浮遊生活期の子魚の特徴

イワシの仲間のように、浮性卵からふ化した直後の子魚の多くは器官の形成が未完成で、口も肛門も開いていない。これらの子魚は発育に必要なエネルギーを腹にかかえる卵黄にたよっているので、これを使いきるまでに、少なくとも摂食と消化の器官がそろわないと、自立でき

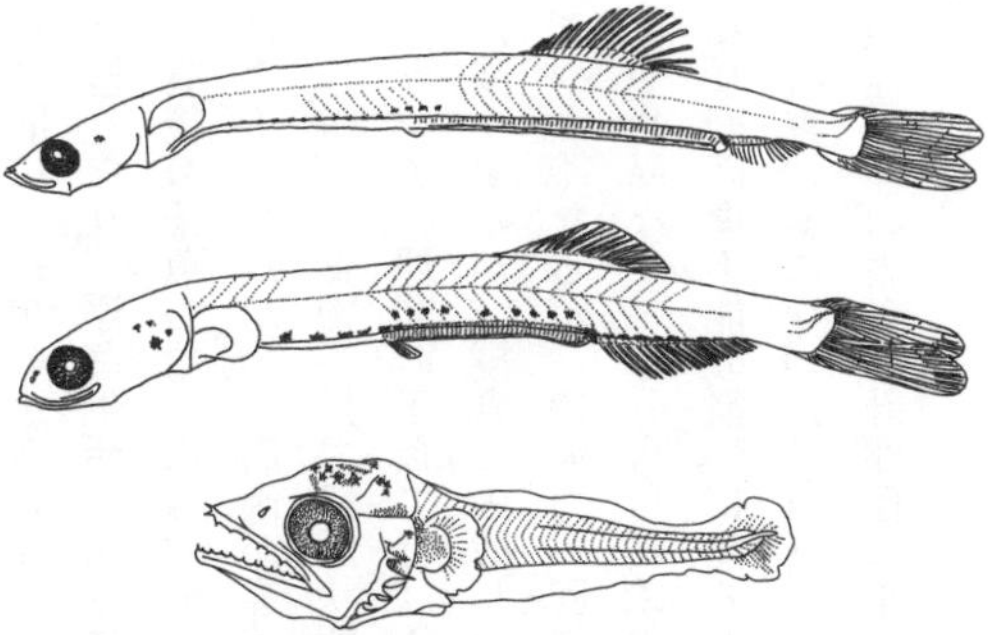

マイワシのシラス(上)，カタクチイワシのシラス(中)，
カツオの子魚(下)
(上，中：内田恵太郎，1958; 下：矢部博，1955)

ないが、比較的早く必要な器官を整えて、自ら食物を探すようになる。

摂食開始時の子魚の体形や摂食機構は種によってちがう。なかでも、イワシの仲間のシラスと、カツオやマグロの仲間の子魚の体形と口の大きさは対照的である。口の大きさの目安となる上顎の長さが一・五ミリの両者の全長を比べると、カタクチイワシでは二センチ、カツオでは五・四ミリで、大きくちがう。カタクチイワシのシラスは細長く、曲がりくねりながら泳いで、プランクトンを追う。カツオの子魚はずんぐりした体つきで、大きく開く口で比較的大型のプランクトンを捕食して急速に成長する。これを裏書きするように、全長五・四ミリのカツオの子魚の消化管内にのみ込まれた他種の魚の子魚が報告されている。

一般に、浮遊期の子魚は体が小さく、筋肉の量は少なく、遊泳力は弱いが、浮遊生活に適したいくつかの特徴をそなえている。まず、皮膚と体側筋の間に、比重の小さいゼラチン質を蓄えた皮下腔が発達する。この構造のおかげで子魚の体は軽くなり、浮遊生活の助けになる。海中では水分も浮性卵と同じように浮きの役目をし、ふ化直後の子魚のなかには水分含量が九〇％以上に達するものも少なくない。卵黄を吸収して成長するにしたがって筋肉が発達して遊泳力がつくと、水分含量は減少する。

しかし、食物不足で飢餓状態になるとタンパク質は減少し、水分がまた増加する。北海のツノガレイの仲間の子魚では、ふ化直後に九二％以上あった水分含量は卵黄消費時には約八八％に減少するが、摂食に失敗して、やせ細ってふらふらになると、また九〇％以上に増加して浮きやすくなるが、遊泳力が回復することはない。沈性卵からふ化して浮遊するニシンの子魚ではやや異なり、水分含量はふ化時の八〇％から増加の一途をたどり、卵黄消費時には八九％になり、回復不能の飢餓に陥ると九一％になるという。

飢餓状態になった子魚は成長が鈍り、筋肉も萎縮するので、健康体と比べると、体長、頭長、眼径、体の太さの計測値は小さい。また、摂食できなくなると消化管、肝臓、すい臓の組織が退縮する。

浮遊生活期の子魚や稚魚には、成魚とはまったく異なる形の長い棘や、細長い突起をもつものがいる。イットウダイの仲間、チョウチョウウオの仲間、アマシイラなどの稚魚では、頭部に長い棘が発達し、ハタの仲間やニザダイの仲間の稚魚では、鰭に長い棘が発達する。このように体に付属する細長い構造物は、海中で摩擦抵抗を大きくして、体の沈降をおさえて、食物が豊富な海洋の表層に浮遊できるように適応しているといわれる。このような長い付属突起は魚だけでなく、ケイ藻などの植物プランクトンや、浮遊生活中のカニの仲間の幼生などでも知られている。

この仮説には異論もあり、稚魚の鰭の硬くて長い棘は比重が大きいので、浮きの役目は期待できないとして、胸部の鰾の近くに位置するこれらの棘は、浮遊する体のバランスを保持するのに役立つと推論する研究者もある。また、浮力の補助というより、むしろ、頭部や胸部の幅広い部分にある長い棘を立てることによって、捕食者の攻撃から身を守る役割が大きいという説もある。

ハダカイワシの仲間には、ゼラチン質を蓄えたひだ状の背鰭としり鰭とによって体を軽くする稚魚がいる。

ヒラメの仲間やアンコウの仲間には、鰭に異常に長い糸状の軟条をそなえる子魚がいるが、このような細長い軟条は、護身に、感覚に、また、運動に関係し、浮遊生活に適応した構造であるといわれる。

イワシの仲間やウナギ・アナゴの仲間の幼生はいずれも体が透きとおっていて、浮遊生活中の多くの子魚と同様に多量の水分を含む。また、ウナギの仲間やソトイワシのレプトセファルス幼生は多量の水分を含むうえに、筋肉の発達が悪く、ゼラチン質の構造は皮下腔だけでなく、体の中心部にも存在する。水分とゼラチン質は体重の増加をおさえ、透きとおった体は捕食者の眼につきにくいので、浮遊生活に適した特徴といえる。レプトセファルス幼生は、ある程度まで成長して遊泳力が向上すると変態をする。この時、ゼラチン質の構造は消失し、身がしまり、体内の水分やナトリウムイオンは劇的に減少する。ソトイワシの仲間のレプトセファルス幼生の水分含量は約九一%あるが、変態後には約八三%に減少する。そして、遊泳に必要な体側筋は増強され、遊泳生活をはじめる。

出世魚

ウナギやヒラメほどではなくても、魚の姿かたちは成長とともに大なり小なり変化する。とくに各地で親しまれてきた魚には、成長段階によっていろいろの名がついている。

寺島良安さんの『和漢三才図会』(島田勇雄ら訳注)から代表的な例を抜粋してみると、

鰤《ぶり》。六月には小さくて五、六寸のものを津波須《つばす》という。西国では和加奈《わかな》という。九月に一尺ばかりになったものを眼白《めじろ》という。十月に二尺近くなったものを魬《はまち》〔波万智〕という。江東では伊奈多《いなだ》と称し魚軒《さしみ》にする。最も大きなものは五、六尺あって鰤と称する。
鯔《ぼら》。小さなもので三、四寸。河中にいて伊奈《いな》という。五、六寸のものは江中にいて、畿内では江鮒《えぶな》という。関東では簀走《すばしり》と称し、俗に鯐の字を用いる。勢州《いせ》の人は名吉《なよし》と称する。
鱸《すずき》。三、四寸ぐらいのものを世比古《せひご》と称する。六、七寸から一尺に近いものを波禰《はね》という。一尺以上二、三尺に至るものを須受岐《すずき》という。

とあり、ブリ、ボラ、スズキなどは古くから大きさによって、また、地方によってちがう名でよばれていたことがわかる。

同一種であっても、成長段階で名称が変わる魚は少なくないが、とくに、ブリ、ボラ、およびスズキは有名で、しかも地方によってちがう名が使われるので、混乱をまねくことがある。これは成長段階によって体色や習性が変わったり、漁場や漁獲方法がちがうことなどに起因する。これら三種の魚は古くから身近な食材となっていて、体が大きくなるにしたがって呼び名が変わるので、世間では出世魚とよばれてきた。
渋沢敬三さんは魚名の成立に関する研究でも有名で、集大成『日本魚名の研究』を著し、出世魚について、ボラとブリを例にあげ、「かくのごとく成長するに従って名称の変化する魚類を普通出世魚といい慣わし、めでたい意味を持たして来た」と自らの見解を述べ、「日吉丸が藤吉郎に次いで秀吉となるがごときは個人的ではあるものの、かかる事例は明治前にはほとんど一般的に常民の間にも行われた」と、人間社会の成長段階名にも言及している。
ブリは成魚の名称で全国的に通用するが、成長段階による名称は地方によって多少ちがい、代表的な名称を列挙すると、次のようになる。
東京　ワカシ・ワカナ(一〇〜二〇センチ)—イナダ(三〇〜四〇センチ)—ワラサ(五〇〜六〇センチ)—ブリ(六〇センチ以上)。
関西　ツバス(一〇〜一五センチ)—ハマチ(二〇〜四〇センチ)—メジロ(五〇〜六〇センチ)—ブリ(八〇センチ以上)。
高知　モジャコ(一〇センチ以下)—ワカナゴ(一五〜二〇センチ)—ハマチ(三〇〜四〇センチ)—メジロ(四〇〜五〇センチ)—ブリ(六〇センチ以上)。
富山　ツバエソ(九センチ)—コズクラ(一〇〜一五センチ)—フクラギ・フクラゲ(三〇〜四

五センチ）―アオブリ（五〇～六〇センチ）―ブリ（八〇センチ以上）。

北陸地方では、正月を迎える新婚所帯へ嫁の実家から寒ブリを贈るしきたりがあった。婿の出世をブリに託する美風としていい伝えられている。

ブリの生活史を調べると、体長一〇センチ前後で生活様式に大きな変化が起こる。本州の中部以南から東シナ海に広がる産卵場でふ化した子魚は浮遊生活を送り、三～五センチになると、海面に漂流する流れ藻の下に集まって北上する。流れ藻は海岸のホンダワラの仲間などの海藻が切れて流出し、潮目などに集積してでき、大きなものは数百キログラムに達する。流れ藻には多くの小動物が付着し、その周辺には大小さまざまの魚が集まり、流れ藻に特有の魚類相が形成される。

流れ藻につく時期のモジャコは体が黄褐色に輝き、脳の小脳や延髄の部分が膨らみ、体の平衡感覚や聴覚の発達をうかがわせる。一〇～一五センチになり、流れ藻を離れて自由生活をはじめる時期には、体の背部は青色になり、小脳も中脳の視蓋部も大きく膨らみ、視覚が発達して活動的になることを示唆する。

ハマチはしばしば養殖ブリの代名詞になるが、れっきとした成長段階の名称で、ツバス、ワカナ、コズクラ級のブリとともに、沿岸海域を回遊中に各地で漁獲されて市場へ出回る。たまたまハマチの養殖が瀬戸内海ではじまったこともあり、この地方の呼び名が全国的に広まったのである。養殖は主として沿岸の生《い》け簀《す》でおこなわれ、種苗は流れ藻について外洋を漂うモジャコに依存するところが大きい。養殖技術の向上と規模の拡大によって、現在では年間の生産量は天然ブリの漁獲量をはるかに上回っている。

ボラもスズキも古代からよく知られている。両種ともに汽水域に入り、跳躍する習性があるので、若魚から老成魚まで人目につきやすく、身近な魚であったにちがいない。

ボラには成長段階によって、また、地方によって多くの名がついている。

東京　オボコ（三センチ以下）―イナッコ（三～六センチ）―スバシリ（六～一八センチ）―イナ（二〇～三〇センチ）―ボラ（三〇センチ以上）―トド（最大級）。

関西　スバシリ（一〇センチ）―イナ（一二～二〇センチ）―ボラ（三〇センチ以上）。

高知　イキナゴ（三～六センチ）―イナ（一五センチ）―コボラ（二〇～二五センチ）―ボラ（三〇センチ以上）―オオボラ（特大級）。

紀貫之さんの『土佐日記』には、元日の欄に、

「今日は都のみぞ思ひやらるゝ。小家《こえ》の門《かど》の注連縄《しりくべなわ》の鯔《なよし》の頭《かしら》、柊《ひいらぎ》ら、いかにぞ」とぞ言ひ

合へなる。

と、しめ縄に刺して飾ったボラの頭や柊《ひいらぎ》を気づかうくだりがある。ボラは「名吉《なよし》」と名づけられ、当時の縁起物になっていたようだ。

銀白色にかがやくボラの稚魚は、冬から早春にかけて群れをなして岸近くへ来遊する。東海地方ではこれにハク、キララ、ギンパクなどの名がついている。ハクやオボコは汽水域あるいは河口域に入って成育し、秋には二〇センチ前後のイナになって海へ下る。二、三年の間、内湾や浅海で過ごすが、約四〇センチ以上のボラになって成熟すると、産卵のために外海へ去る。

スズキの名称変化はブリやボラほど複雑ではなく、各地の成長段階別の名称は、フッコ(五センチ)―コッパ(一〇センチ)―セイゴ(二五センチ)―フッコ(三五センチ)―スズキ(約五〇センチ以上)などに整理できる。フッコは小型の若魚を指す場合と、約三歳の大きさの魚を指す場合とがある。

全国的には、幸田露伴さんが随筆「鱸」に、「せいご、ふっこ、すゞきの三称は我が言語の中のプライムナンバーである、分解することの出来ぬものである」と述べたように、セイゴ、フッコ、スズキの組み合わせが主流になっている。

スズキは古代から詩歌や文学作品に頻繁に取り上げられたばかりでなく、釣りの対象魚としても親しまれ、多くの記録に名を残している。なかでも、平清盛さんが安芸守《あきのかみ》のころ、伊勢から海路で熊野へ詣でる途中、大きなスズキが船に飛び込み、これが吉兆となって太政大臣まできわめ、一門も高官の地位についた、という昔話は『平家物語』に詳しい。このスズキは出世魚の名に値するかもしれない。

冬に外洋に面した沿岸海域でふ化した子魚は、春には二センチほどの稚魚となり、内湾や河口域へ来遊する。春から夏に活発に摂食し、秋になって水温が低下すると沿岸の深みへ移動して越冬する。一年で約二〇センチ、二年で約三〇センチ、三年で約四〇センチになる。

体側筋の成長

魚の成長速度と寿命は種によってちがい、シロウオやシラウオのように一年で体長数センチになって産卵をして死ぬものもいれば、クロマグロのように九歳で体長が二メートルを超え、なお数年生きるものもいる。魚の年齢は主として鱗や内耳の耳石に刻み込まれた年輪によって判定するが、高齢魚では隣接する年輪が重なって読み取りにくくなり、年齢と成長速度の判断をあやまることがある。北太平洋の深海に生息し、体長約一メートルになるギンダラは満一歳

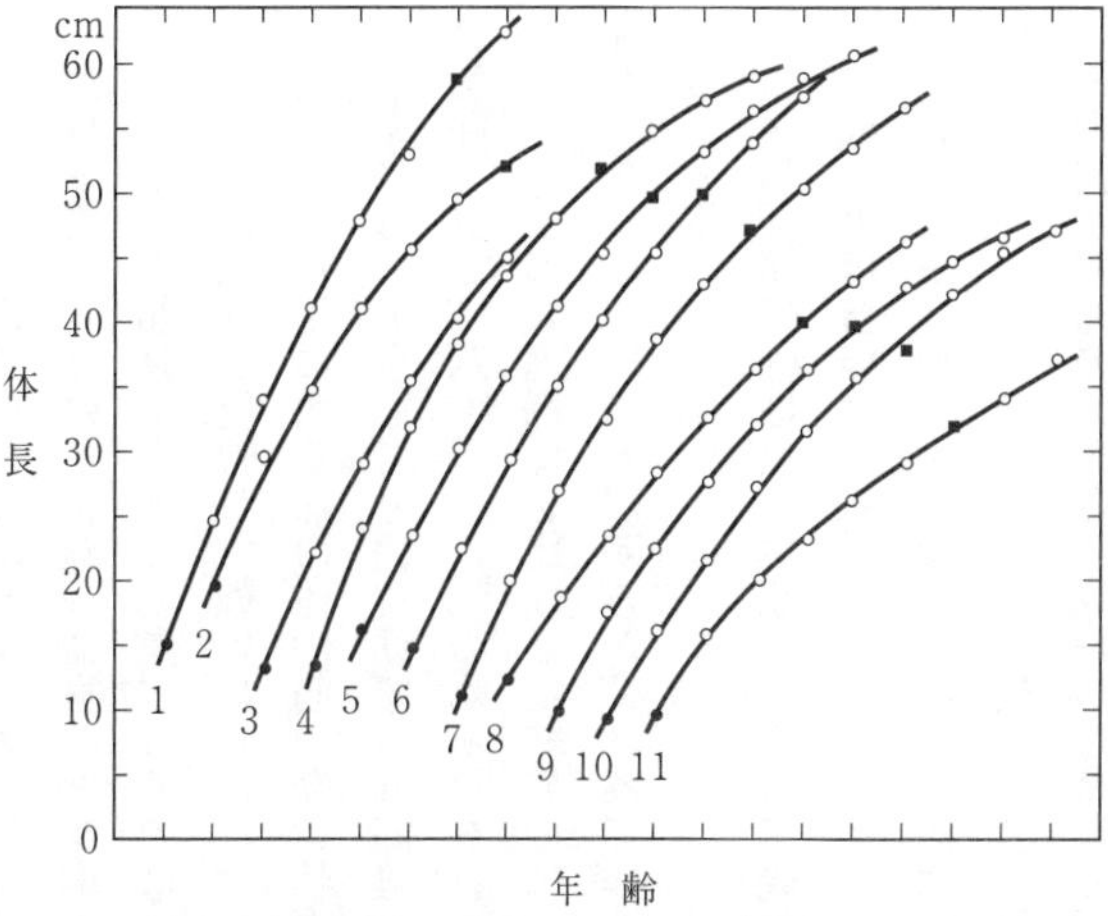

マダイの成長曲線の地域差(落合明・田中克，1986)
1：鹿児島湾　2：天草　3：北九州　4：紀伊水道　5：伊豆　6：内房総　7：広島　8：東シナ海・黄海　9：若狭湾　10：山形(明石礁)　11：山形(大瀬)．(黒丸は1歳魚，黒四角は7歳魚の体長)

で二〇〜三〇センチに成長するので寿命は比較的短く、三〜八歳魚が漁獲の対象となると推定されていた。しかし耳石の微細構造を調べた結果、これらの年齢は四〜四〇歳で、長寿であることが明らかになり、資源管理の方策の見直しに一石を投じた。

魚の成長速度は基本的には魚自身が受けついだ遺伝形質によってきまるが、生息環境にも左右される。たとえば、日本近海のマダイは水温、生息密度、食物の種類や量などによって成長速度にちがいが生じ、成長曲線を比較すると、海域によってかなりの相違がみられる。一般的な傾向として、南部海域の集団は北部海域の集団より早く大きくなる。

魚は成長とともに、組織や器官などが増大する。体の各部分の成長過程を観察すると、必ずしもすべての部分が均等に成長するのではなく、それぞれの部分の成長速度は成長段階によって種の生活様式を反映して微妙にちがう。

私たちが食用にする魚の体側筋の発達状態は、魚の成長を知る有力な手がかりになる。発育の初期には、赤色筋でも白色筋でも筋繊維数は着実に増え、かつ成長する。大西洋のニシンの受精卵を五℃、八℃、一二℃の水槽に分けて収容し、卵から三・七センチの稚魚に成長するまでの体側筋の発達過程を比較した結果では、水温が高いほど成長は早く、赤色筋と白色筋の増加もいちじるしいことが明らかにされている。ただ、白色筋の太さは最終的には八℃で最大になるという。

しかし、筋繊維は魚の生涯にわたって成長しつづけるのではなく、魚体の老化とともに筋繊維の成長の度合いは鈍る。

ニジマスやブルーギルなど、数種の淡水魚を調べた結果、体側筋の大半を構成する白色筋の新生とその太さの増大は、魚の成長速度と最大体長に深くかかわり、その魚が成長し得る最大体長の約四四％の大きさに成長した時点で、筋繊維は新生されなくなることが明らかにされている。

体長約一二〇センチに成長する大西洋のマダラでは、成長にともなって赤色筋も白色筋も筋繊維数は増加し、体長約四〇センチまでは赤色筋の増加がまさる。その後、五〇〜八〇センチの繁殖適齢期になると、筋繊維の増加傾向はやや鈍る。この間、筋繊維の太さも増すが、赤色筋と白色筋とでは多少とも様子を異にする。赤色筋の筋繊維は体長八〇センチで断面の直径が平均五〇マイクロメートルまで成長し、横ばいになる。一方、白色筋の筋繊維はこの体長で断面の直径が平均一三五マイクロメートルまで成長してピークに達し、体長がそれ以上になると細くなる。そして遊泳運動にかかわる体の後部断面の赤色筋と白色筋の面積が成長にともなって変化する様子を比較すると、前者は体長一二〇センチになるまで増加するが、後者は体長九五センチ以上になると減少するという。これは、九〇センチ以上になるとマダラは急発進の動作が少なくなることと関係するのではないかといわれる。

筋繊維の大きさは魚の成長だけでなく、運動量や栄養状態によっても変化する。

体長一二〜一五センチのブラウントラウトを二〜四週間、遊泳速度一・五体長／秒、三体長／秒、四・五体長／秒で泳がせて比較した研究によると体の成長は一・五体長／秒遊泳群が最もよく、筋繊維の成長は三体長／秒遊泳群が最もよかったという。カワマスでも、三週間にわたって三体長／秒で泳がせた遊泳群は、非遊泳群と比較して赤色筋の断面積が有意に増加することがわかっている。大西洋のニシンを一体長／秒の速度で四二日間、持続的に遊泳させると、赤色筋の量は一・五倍に増える。さらに三体長／秒の速度に加速すると赤色筋も増加するが、白色筋が急速に増加するという。大西洋のタラの仲間では、四二日間、〇・九三体長／秒で遊泳させると、赤色筋の太さは五五％増加し、白色筋の太さは変わらなかったが、一・〇一体長／秒で遊泳させると、赤色筋は六一％、白色筋は三二％、それぞれ太くなったという報告もある。

さらに、北海で漁獲されるニシンの地域集団を比較すると、運動量や栄養状態のちがいによって、遊泳運動のかなめとなる尾部の白色筋の筋繊維数にちがいがあることもわかっている。絶食が体側筋の構造におよぼす影響も顕著で、四カ月間絶食させたツノガレイの仲間では、赤色筋はあまり変化しないが、白色筋の筋繊維はいちじるしく萎縮するという。また、一三〇日間絶食させた体長五五センチのマダラでは体重は三〇％減少し、筋繊維の太さは赤色筋で一五％、白色筋で四〇％減少することもわかっている。

このように活発に摂食する魚では、筋肉はよく発達し、肉づきがよくなるが、飢餓状態になったり、生殖行動によって体が衰弱すると、体側筋はやせ細る。魚体の肉づきのよしあしは肥満度で表すことができ、肥満度は魚の味とは切り離せない意味をもつ。魚の体重は体長の三乗に比例するとみてよいので、〔体重×一〇〇／体長の三乗〕の値を肥満度とすると、この値の大小は魚が太っているか、やせているか、ひいては美味か不味かの目安になる。健康な魚の肥満度は産卵期の前に高くなり、産卵末期に低くなることが多い。

7
魚の旬と産卵期

サケの産卵(伊藤勝敏さん提供)

鮭はだんだん切って食うから終りには頭だけになった。その頭も描いたのち三平汁《さんぺいじる》にして食ってしまった。子供の頃は信州で暮したから、塩鮭をよく食わされた。塩鮭で飯を食うというのは、貧乏暮しの形容になったものであるが、塩鮭はうまいものだ。安いといって馬鹿にする必要などない。

秋サケとブナ化

余技の画題に好んで魚を選んだ小林勇さんは、随筆「鮭」で、塩鮭の味をこのように回顧している。冷凍・冷蔵設備が整っていなかった時代には、塩鮭は塩昆布とともに数少ない日持ちする食品だった。脂やけして塩をふいていても、サケの切り身はつねに弁当のおかずランキングの上位に君臨していた。

遠く北洋まで旅をして成長した後、産卵のために日本の河川へ帰ってくるサケは、近海を回遊するほかの魚とちがって、漁獲の対象になる季節は限られている。産卵間近のサケが北海道の沿岸海域に現れるのは九〜一二月で、これを北海道の人は親しみをこめて「秋サケ」あるいは「秋味《あきあじ》」とよんで称賛する。

接岸初期には産卵群の体色は銀白色で銀毛《ぎんけ》とよばれ、身は赤みをおびて味もよい。アキアジは捨てるところがなく、鮮魚は和洋各種の料理に使われるほか、スモーク・サーモンや缶詰に加工されるし、卵は筋子やイクラになり、頭は氷頭《ひず》なますや三平汁などにして珍重される。また、冷凍・冷蔵設備が完備した現在では、あま塩の脂やけのしない「新巻《あらま》き」ができる。

秋サケはひとたび川へ入ると、飲まず食わずで川の流れにさからって泳ぎつづけるだけでなく、生殖巣の成熟に多大のエネルギーを消費するので、いちじるしく体力を消耗し、体のあちこちに大きな変化が起こる。まず体表に婚姻色が現れ、色模様が変わりはじめる。赤色と黒褐色が混じったぶち模様が現れ、ブナの木肌に似ているところからブナ毛とよばれる。遅れて接岸する産卵群は、海中ですでにブナ毛になっている。ブナ毛の成熟が進むにしたがって婚姻色は濃くなるが、色の度合いによってAブナ、Bブナ、Cブナと分けてよばれることがある。ブナ化した雄のあごは先端が鋭く曲がり、いわゆる鼻曲りザケになる。

初期のブナ毛は鮮魚としても塩蔵用としても食用になるが、婚姻色が強くなるにしたがって肉質が劣化して商品としての価値は下がる。産卵後のブナ毛が精も根もつき果てて死ぬと、ホツチャレとよばれ、もはや食用にはならない。

アキアジとは別に、北海道の太平洋沿岸には五月から七月にかけて定置網にかかるトキシラズ(時知らず)あるいはトキザケとよばれる魚群がいる。産卵回遊の時期をはずれているので、時をまちがえたサケという意味で名づけられたという。これは日本近海を索餌回遊中の魚群で、脂質の含有量が多くて味がよく、高値で取引される。

ブナ化現象は古くから知られていて、越後のサケについて、すでに鈴木牧之《ぼくし》さんは『北越雪譜』に、

初鮭《はつさけ》の貴《たつと》き事おしてしるべし。これを賞する事、江戸の初鰹魚《はつかつお》にをさをさおとらず。初鮭は光り銀のごとくにして微《すこし》青みあり、肉の色紅《べに》をぬりたるが如《ごと》し。仲冬の頃にいたれば身に斑《まだら》の錆《さび》いで、肉も紅《くれな》ゐ薄し。味もやゝ劣れり。此国にて川口長岡のあたりを流るゝ川にて捕りたるを上品とす、味《あじわ》ひ他に比すれば十倍也。


と、記している。

ブナ毛になると、体の組織にも成分にも変化が生じる。皮膚は肥厚して粘液細胞が増え、体

表は粘液で覆われるようになる。この時期には生殖巣の成熟と、海から川への浸透圧調節作業の切り替えにかかわる内分泌系の活動が活発になり、体内に大きな変化が起こる。

体側筋の成分では雌雄ともに水分、脂質、タンパク質が変化する。水分含量は増加し、未成熟魚の七〇〜七二％から、Cブナでは約八〇％になり、産卵放精後のホッチャレでは八三％に達する。脂質含量は未成熟魚の三〜四％からAブナでは一％に減少し、ホッチャレでは一％以下に低下する。タンパク質含量は未成熟魚と接岸したAブナで約二〇％、Cブナとホッチャレで約一五％まで減少する。

ブナ化にともなって体側筋の色調は淡くなるが、これは筋肉中のカロテノイド色素のうちの主成分となっている赤いアスタキサンチンが減少するからである。アスタキサンチン含量はトキシラズでは〇・四五〜一ミリグラム／一〇〇グラムであるが、海産の銀毛とAブナでは〇・三五〜〇・八ミリグラム、BブナとCブナでは〇・〇五〜〇・二五ミリグラムと減少し、ホッチャレでは〇・一ミリグラム以下に激減する。成熟が進むにしたがって、筋肉中のアスタキサンチンは、雄ではおもに皮膚へ移行するし、雌では卵巣へ移行して成熟卵、すなわち筋子やイクラを鮮やかに彩るようになる。

ブナ化現象の最も顕著な特徴は肉質の軟化で、産卵直前の完熟期には体側筋はペースト状で、崩壊に近い状態になっている。その過程を追跡した研究によると、筋肉組織の軟化にはタンパク質を分解する酵素のカテプシンLが主役を演じ、ミオシン、コネクチン、トロポニンなどの筋原繊維タンパク質を分解することが明らかにされている。ブナ毛の筋繊維の間にはマクロファージ様の食細胞が付着していて、カテプシンLの活性がいちじるしく高くなっているという。このような食細胞は、オタマジャクシの変態時に尾が消失する際にも、尾部の筋繊維に多数出現する。

産卵のために川をさかのぼって極度に疲労したブナ毛では体側筋の筋繊維は細くなって衰えているので、これらを分解して除去するために多数の食細胞が出現する。その結果、漁獲後に死亡したブナ毛の体側筋は、筋繊維の間隙に付着する多数の食細胞から流出するカテプシンLの作用によってタンパク質が破壊され、軟化が急速に進行するのである。

姿も味も極上の寒ブリ

俳句歳時記の冬の項に「鰤《ぶり》起こし」という季語がある。雪起こし、すなわち冬の雷鳴はブリの大漁をもたらす前触れともいわれる。低気圧や前線が通過する前後にブリの大漁があるという話は、北陸地方を中心に日本海側の漁場や、相模湾沿岸、五島列島の漁場でも聞いたことがある。雷鳴にたたき起こされたブリの群れが、あわてて定置網になだれ込むと話す漁業者もあるが、海が荒れて、波浪、濁り、水温の変化などの影響で、回遊中のブリの大群が網に迷い込むと読むのが自然だろう。現に、冬の島根県沖に、北から冷水帯が岸よりに強く張り出してくると、冷水障壁にさえぎられたブリの魚群は山口県の沿岸へ寄りつき、漁獲量が増加するという報告もある。いずれにしても、近年、ブリの資源は枯渇傾向にあり、「鰤起こし」は現実味の薄い季語になりつつある。

ブリは太平洋側でも、日本海側でも、若魚も成魚も、春から夏にかけて食物をあさりながら北へ向かって回遊し、秋から冬には寒さに追われて南へ向かって回遊する。北行きの魚群も、南行きの魚群も、季節を問わずあちこちで漁獲されるが、味はやはりまるまると太って、しかもほどよく身のしまった冬の大ブリが最高である。寒ブリは冬の魚の王者といわれる。なかでも、「日本海産のものは太平洋産のものより美味」というのが魚河岸の専門家の評価である。

ブリ漁の歴史も日本海側のほうが古い。北海道積丹《しゃこたん》半島、佐渡島、富山湾から能登半島周辺、若狭湾、隠岐諸島、山陰沿岸などに好漁場があり、周辺地域に海の幸を供給してきた。屈指の好漁場をひかえた北陸や関西では、ブリは昔から正月を飾る縁起物として珍重された。とくに北陸では塩ブリ、巻きブリ、カブラずしなど、名の売れた特産品がある。

塩ブリは内臓を除去し、塩につけて干して仕上げる。巻きブリはこれを竹皮で包み、表面を荒縄でバネのようにぐるぐる巻きにしたもので、魚の保蔵がむずかしかった時代の生活の知恵のたまものといえよう。このブリは能登地方の保存食になったばかりでなく、険しい山道を経て飛騨の高山へ運ばれ、飛騨ブリと名が変わり、さらに行商人の手で信州一円に売りさばかれ、川魚にしか縁がなかった地方の人々に喜ばれた。現代の巻きブリはビニールの真空パックに姿を変えて店頭に現れる。

金沢には、カブラずしという有名なすしがあるが、外見はかぶの漬物である。寒ブリの切り身を輪切りのかぶにはさみ、これに糀《こうじ》と飯をぬりつけて漬け込むすしで、各家庭に家伝のつくり方があるという。元来、寒ブリあっての正月用のカブラずしだったが、年中入手できるようになった現在、材料のブリの正体が気になる。

冬のブリの体側筋はマグロの仲間ほど血合肉《ちあいにく》がないのに、脂をたっぷり含むが、刺身、照り焼き、塩焼きなど、どのような食べ方をしても、脂がみなぎっているわりにまろやかな味がする。脂質含量は多くの魚と同様に旬の季節に多くなる。筋肉中の脂質の季節的変化を調べた研究によると、脂質含量は五月から八月にかけて減少し、五%以下の個体が多いが、秋になって一〇月ころから急増し、冬には三〇%前後になる個体もある。脂質含量は体の前部から胴部の表層血合肉や皮下組織に多く、また背肉より腹肉に多い。寒ブリは脂質に富み、体力の充実した親魚になっていることがわかる。

春の産卵に加わる大型のブリは、生殖行動によって体力を消耗し、産卵期を過ぎると、筋肉は衰え、脂質が減って水分が増え、寒ブリの味は失われる。疲労の極に達したブリは、春から夏にかけてひたすら摂食しながら北へ向かって回遊をつづけ、順調に摂食できれば、冬を迎えるまでに体力は回復し、産卵の準備が整う。

ツバスとかワカナゴとよばれる若魚は夏が旬、イナダは晩夏から初秋が旬といわれる。育ち盛りの若魚は、産卵後の体力減退期の成魚に比べると成分のバランスがよく、それなりの味がして、ブリの面目を保つのに一役買っている。

養殖ハマチは鮮魚を餌に使うことが多く、餌に由来する脂質を多く含み、脂ぎった刺身の味は、当初、必ずしも好評ではなかった。養殖ハマチの流通ルートが首都圏まで延びたころ、本物の魚の味にこだわる作家の高橋治さんは、これを「海のブロイラー」と決めつけ、「ハマチ養殖亡国論」と題する論説できびしく批判した。しかし、養殖ハマチが各地で市民権を得た現在では、食べなれた若年層には脂がのったハマチはむしろ歓迎されるようになってしまった。養殖ハマチの脂質含量も季節的に変化し、冬に多くなる傾向はあるが、天然ブリと比較すると、季節を問わず多くて、二〇%を越えることも珍しくない。

魔魚フグの味

我々は事もなくフグ料理に酔い痴れているが、あれが料理として通用するに至るまでの暗黒時代を想像すれば、そこにも一篇の大ドラマがある。幾十百の斯道の殉教者が血に血をついだ作品なのである。(坂口安吾「ラムネ氏のこと」)

フグの味の魔力にひかれて多くの犠牲者があったことは古くから記録に残っている。フグの仲間の骨はコイ、ボラ、スズキ、マダイなどの骨とともに縄文時代の遺跡から発掘されるというから、好んで食べられていたかどうかは別にして、この仲間が漁獲物に入っていたことは確かである。

江戸時代になると、手軽な鍋料理、ふぐ汁(ふくと汁)に人気が集まった。多くの川柳が物語るように、こわごわ食べているうちに、フグに親しみを覚え、そしてとりこになったらやめられず、冬の味として広く庶民に愛好された様子が想像できる。当時の俳人もフグ料理に誘い、誘われ、フグ料理に対する不安、警戒、礼賛など、多くの名作を残している。しかし、跡を絶たない中毒を懸念して、フグの漁獲と売買の禁令を出した藩もあって、「てっぽう(当たると死ぬという意)」という隠語が生まれたという。この名は現在でも「てっさ(ふぐ刺《さし》)」、「てっちり(ふぐちり)」と、略語になって生きている。

日本近海には四〇種以上のフグの仲間が生息するが、おもに鮮魚として取引されるのはトラフグ、カラス、マフグ、ショウサイフグ、ナシフグなどで、クロサバフグは干物などの加工用に使われる。なかでもトラフグは冬のフグ料理の王者とたたえられる。ふぐ刺、ふぐちり、鰭酒、から揚げ、煮こごり、ふぐ茶漬け、ふぐ雑炊など、フグ料理は多彩であるが、ふぐ刺こそ至福の味とフグ党は口をそろえる。薄く引かれて大皿に盛りつけられた刺身の奥には皿の色が透けて見える。まさに芸術品である。

河豚食ふや伊万里の皿の菊模様　　水原秋桜子

フグの刺身は目と歯で味わうとさえいわれる。トラフグは白身の魚で、脂質の含有量はわずか〇・三%と、ひじょうに少ない。また、体側筋の筋繊維の連結部にはコラーゲンが多く、その含有量はマイワシの約三倍もある。しかも、このコラーゲンは新鮮な魚体ではもちろん、冷蔵しても変性しないので、薄く切らないと筋肉組織は硬くて食べにくい。こんな特徴をうまく生かして料理したのが薄いふぐ刺で、半透明の美しい切り身を目でめでながら、弾力のある淡白な味を歯で確かめるのである。

フグは福をもたらす魚といわれても、やはり毒が気になる。美しく盛りつけられたフグ料理に箸をつけるのをためらう人もある。フグ毒はわずか〇・五〜一ミリグラムが大人の致死量という猛毒である。その名はテトロドトキシン、ずばりフグ毒である。フグの顎の歯は上下それぞれ二枚ずつ、計四枚の歯板になっている。フグの仲間が属するフグ科の学名の語幹は、「テトラオドン(四つの歯という意)」であるが、これにトキシン(毒)をつけたのがフグ毒の名である。

フグ毒は神経毒で、中毒の兆候としては唇、口内、手などのしびれにはじまる。嘔吐、知覚麻痺と進行し、血圧降下、呼吸困難の症状が現れたら死を覚悟しなければならない。

フグ毒の強さや魚体内の分布状態は種によってちがうし、同じ種でも個体差が大きい。トラフグでは毒力は肝臓と卵巣で強く、腸管にも存在するが、体側筋、精巣、皮膚には含まれない。この毒の強さは、また季節とともに変わる。個体差があるので一概にはいえないが、肝臓と卵巣の毒は雌が成熟するにつれて強くなり、産卵期に最も強くなる。旬といわれる一二月になると毒の量は一〇月の一〇倍に増え、産卵直前の二～三月には一〇〇倍になる個体があるという。ただ、肝臓の毒量には個体差が大きく、魚市場で採集した肝臓のうち、無毒、弱毒、強毒がそれぞれ、ほぼ三分の一、という結果が報告されている。「肝を食べないでフグの味を語る資格はない」と、通ぶる人がいるが、生命の危険をともなう肝臓の毒は軽視できない。

フグ毒の含有量は種によってかなりちがうので、食用に供する時には細心の注意をはらう必要がある。コモンフグ、ヒガンフグなどは肝臓と卵巣が猛毒、皮膚や腸管が強毒、精巣にも毒がある。ショウサイフグ、マフグなどは、肝臓と卵巣が猛毒、皮膚や腸管が強毒、筋肉と精巣には毒はないといわれる。クサフグは最も毒が強く、肝臓、卵巣、腸管が猛毒、皮膚が強毒、筋肉と精巣も弱毒といわれる。クサフグは海岸近くに生息し、やたらに餌に食いついて、釣り人に嫌われるお邪魔魚である。クサフグ、マフグ、コモンフグ、ヒガンフグなどの皮膚にはフグ毒を含む細胞が多数あり、皮膚をつついて刺激すると、体を膨らませながら毒を分泌するので、小魚といっしょに水槽へ入れると、小魚は短時間のうちに死亡する。

クロサバフグは無毒のフグといわれ、古くから疑うことなく食べられていた。しかし、南シナ海に分布するドクサバフグは体形も色彩もクロサバフグそっくりだが、筋肉に肝臓を上回る毒を含む曲者である。ベトナム沖で漁獲されたこのフグが北九州の市場に出回り、犠牲者がでるほどの中毒事件が起こり、世間の不安をかき立てたことがある。外見はよく似ていても、筋肉が有毒か無毒かという大きなちがいには注意を要する。輸入魚が多くなった現在、出所不明のフグは敬遠するのが無難である。

フグ毒は、魚にも、また、フグの仲間にも毒として作用するが、フグ毒に対するこれらの魚の抵抗性は魚種によって異なる。体重二〇グラムのマウス一匹を注射後三〇分に死亡させる毒量を一MU(マウス単位)として、魚に対する致死量を調べた研究によると、MU／二〇グラム体重の値は、イシガキダイでは〇・八〜〇・九、イシダイでは〇・八〜一・八、メジナでは〇・三〜〇・五であるという。ちなみにクサフグでは七〇〇〜七五〇、ヒガンフグでは五〇〇〜五五〇、クロサバフグでは低くて一九〜二〇で、前二種のフグのフグ毒に対する抵抗性は一般の魚の五〇〇倍以上もある。

ところで、自然界にはフグ毒をもつ動物があちこちにいて、フグ毒はフグの仲間だけが専有する毒とはいえないことがわかってきた。カリフォルニア地方には皮膚、筋肉、血液、卵巣などに強い毒をもつことで有名なイモリがいるが、一九六四年、この毒の化学構造がフグ毒と同一と判明して関係者を驚かせた。また、奄美大島から、沖縄、台湾、フィリピン方面に広く分布するツムギハゼは、ヒトやアヒルを中毒死させることでおそれられていたが、この魚の皮膚、筋肉、内臓などにフグ毒が含まれることも明らかになった。さらに、ヒョウモンダコ、ハナムシロガイ、ボウシュウボラ、トゲモミジガイ、スベスベマンジュウガニ、ヒモムシなど、フグ毒を体内に内蔵する海洋動物が次々に明らかになるにおよんで、研究者の関心はフグ毒の起源に向けられた。フグの仲間の消化管内容物の調査や、フグ毒が検出された海洋動物の食物連鎖を追跡した研究は、フグ毒の起源が海洋細菌にあることを突き止めた。フグの仲間は海洋細菌が産生したフグ毒をデトリタス、小動物というように、食物連鎖をとおして取り入れるというのである。

フグ料理の人気が高まり、フグの需要は年ごとに増し、日本近海のフグの仲間、とくにトラフグの漁獲量は減少してきた。それを補うためにトラフグの養殖が各地でおこなわれるようになった。網生け簀で養殖したトラフグの若魚には毒が含まれないという事実が明らかになって、フグ毒の外因説は決定的になった。トラフグの卵には毒が含まれるが、人工受精によってふ化させた子魚をワムシやイワシ肉のミンチなどをあたえてタンクで飼育すると、ふ化後、一週間もすると毒が検出されなくなり、そのまま飼育をつづけると、無毒の若魚に成長する。この無毒の養殖トラフグに、有毒トラフグの肝臓を餌として投与すると、やがて毒化されることがわかり、フグ毒は食物をとおしてトラフグの体内に蓄積されることが証明されたのである。筋肉や肝臓などの臓器が無毒の養殖トラフグでも、腸管だけはフグ毒を含むことがあるが、これは腸管内にフグ毒を産生する細菌が存在するからだという。

アンコウ鍋

冬の鍋料理の一翼をになうアンコウ鍋は、中毒の心配があるフグ汁と対比して古くから話題になってきた。頼山陽さんも、食道楽の友人たちとアンコウ鍋を囲んで会食した時の様子を、七言古詩『食華臍魚歌(かせいぎょを食らう歌)』にまとめ、「肝は黄色のクリームのようで、皮は紫のきのこのようで、体は肥えて美味で、すぐに手足までぬくもる。名声が高いのはもっともなことだ。世間の人らがフグを好んで食べるのは笑うべきことだ」とアンコウに賛辞を呈している。

フグ料理の本家本元は下関、大衆向きのフグ料理は食い倒れの大阪といわれ、どちらかといえばフグの食習慣は西日本に傾いていたのに対し、東日本、とくに関東では冬の鍋物といえば昔からアンコウが喜ばれたようだ。グルメ情報が日本のすみずみまで氾濫する現在では、両者とも全国で食べることができるが、昔の名残はまだあるような気がする。

アンコウの調理法では、江戸時代から吊るし切りが有名で、物見高い江戸の人々が足をとめ、アンコウのまわりに人だかりができた光景を古川柳はたくみに詠んでいる。

りやうり人つるして置てふわけする　誹風柳多留
あんこうにきんちやく切が二三人　誹風柳多留

大柄でぬるぬるのアンコウはまな板の上ではおさまりが悪く、下顎に縄をかけて吊るし、料理人が包丁を入れた。皮、鰭、鰓、肉、卵巣、肝臓、および胃と、いわゆる七つ道具を手際よくさばく手順を『解体新書』の腑分けにたとえて、見とれている人の輪が掏摸《すり》のかせぎ場になったというのだから、江戸っ子の好奇心をそそる見せ物になっていたにちがいない。

体長一メートルあまりになる図体と、背中から押しつぶしたような粘液質の姿かたちから想像できるように、アンコウは典型的な底魚である。大陸棚を中心にして海底近くに生息し、顔いっぱいに広がる大きな口で魚やイカなどを摂食する。待ち伏せ方式の摂食をするアンコウの仲間は行動が緩慢のように思われるが、胃の内容物にはマサバ、マイワシ、カタクチイワシなど、敏速に泳ぐ浮魚も含まれ、彼らが海底を離れて食物探しをすることを物語っている。また、海面へ浮上しないと捕食できないはずの海鳥をのみこむ事例が、日本でもアメリカ東海岸でも確認されているので、食わんがための行動力はあなどれない。

不格好な容姿と地味な色彩に似合わず、アンコウは白身の魚で、七つ道具も捨てるところなく、鍋料理や「とも酢」料理の食材になる。脂質は筋肉には〇・二％しか含まれないが、肝臓には約四二％も含まれ、ビタミンAの含有量も多い。脂質に富む肝臓は「あんきも」とよばれ、蒸した味は濃厚で、愛好者はフォアグラにまさるとも劣らないと称賛する。アンコウ料理の本場といわれる水戸地方には、蒸して裏ごしした肝臓と味噌と酢を合わせてつくった「とも酢」に、湯どおしをした七つ道具をつけて食べる自慢の味がある。

産卵期は春から夏で、このころになると味は落ち、値打ちも下がる。

鍋料理の材料になるアンコウは、アンコウ属のアンコウ（クツアンコウ）と、キアンコウ属のキアンコウであるが、後者が美味といわれる。

アンコウは黒い口床に淡色の小斑点が散在し、日本近海からオーストラリア、インド洋、南アフリカに広く分布する。

キアンコウは口床が淡色で、北海道から黄海、東シナ海にかけて分布する。キアンコウの仲間は世界で八種あまりが知られていて、大西洋の東西両側、インド洋に分布するが、太平洋では西側には分布するが、東側には分布しない。筋肉の酵素の分子的多型を分析してキアンコウの仲間の種分化を研究した結果によると、日本のキアンコウに最も近縁な種はバレンツ海からヨーロッパ沿岸海域に分布する大西洋のキアンコウで、三〇〇万年あまり前に北極海からベーリング海峡を経て太平洋へ進出した祖先型からキアンコウが分化したと推察されている。この大西洋のキアンコウは味も日本のキアンコウに似て評判がよく、今日では冷凍品になって、はるばる日本へ入ってくる。

タラちりと冷凍すり身

昔から北国では「雪が降ると鱈がくる」といい伝えられるように、マダラもまた雪の季節が旬の魚である。

美しい白身のマダラの筋肉は水分含量が八〇％を越え、鮮度がすぐに落ちて、身はくずれやすくなる。とれたての新鮮な材料を使った薄造りはすぐれた一品であるが、鮮度が落ちると刺身には向かない。魚売り場にならぶ鮮魚はフライ、塩焼き、煮つけにもよいが、ちり鍋やタラ汁にすると持ち味がよく生かされる。

産卵期は東北地方以北では一二〜三月で、産卵のために沿岸海域へ寄ってくる。成熟すると卵巣も精巣も大きく膨らむ。卵巣はタラコ、精巣はタツ、ダダミ、菊子などとよばれる。酢の物や椀種として珍重される精巣を内蔵する雄は、タラコが充満した雌より高値がつくこともある。

鮮魚の保蔵がむずかしかった時代、タラの仲間は干物にして各地へ出荷された。とくに素干しにした棒ダラは内陸地方で珍重され、京都には三百年の伝統を誇る「いもぼう」という料理がある。京料理に愛着をいだく吉村公三郎さんは『味の歳時記』に、

「いもぼう」というのは、里芋の大ぶりのような海老芋と棒鱈をいっしょに時間をかけて煮込んだものである。棒鱈は東京では食べないが鱈の丸干しで、錦小路あたりへ行くとでっかいカチンカチンのをつるして売っている。京都は山国で、昔から乾物ものを使った料理が発達した。

と、紹介している。

鮮度に難点があるだけに、タラの仲間は味やにおいの話題にはこと欠かない。かつてタラの粕漬けからホルムアルデヒド(ホルマリン)が検出され、物議をかもしたことがある。原料のマダラを保蔵中に、添加物からホルムアルデヒドが生じたのではないかと疑われたのである。詳しい調査の結果、その原因はマダラ自身が保有するトリメチルアミンオキシド(TMAO)にあ

ることがわかった。どういうわけか、マダラ、スケトウダラ、ソコダラの仲間などには、真骨魚類としては異常に多量のＴＭＡＯが含まれる。ＴＭＡＯがサメ・エイの仲間の浸透圧調節に重要な役割を果たすことはすでに述べたが、タラの仲間では生息域が深い種ほどその量は多くなり、サメの仲間に近い値を示す。二〇〇〇メートル以深に生息するカナダダラにいたっては、筋肉にサメの仲間より多量に含むところから、ＴＭＡＯは高水圧によるタンパク質の変性をおさえて細胞を保護するという説がある。しかし、深海にはタラの仲間以外の魚も生息するので、この説明に首をかしげる向きもある。

ＴＭＡＯは魚の死後、鮮度が低下するにつれて、細菌の酵素の作用で分解して生臭いトリメチルアミン（ＴＭＡ）になる。ＴＭＡＯは、また、加熱によって分解してジメチルアミン（ＤＭＡ）やホルムアルデヒドになることも知られていたが、冷蔵中のマダラの肉にもホルムアルデヒドが検出され、謎の解明は難航した。結局、スケトウダラを一〜四℃で貯蔵してＴＭＡＯおよびその関連物質の時間的変化を調べた結果、細菌によるＴＭＡの生成とは別に、低温下でもＴＭＡＯを分解してＤＭＡとホルムアルデヒドを生成するタラ特有の酵素の存在が明らかにされ、この問題に一応けりがついた。なお、ＴＭＡＯは零下二〇℃、零下四〇℃の凍結状態でも、一定の条件下で非酵素的に分解してＤＭＡが生成されることも明らかになっている。このように、マダラやスケトウダラの筋肉には、わずかではあってもホルムアルデヒドが含まれ、内臓にはさらに多量に含まれるというから、「タラはとれたてより、少し時間をおいたほうが独特のにおいがでてうまい」などといわないで、新鮮なうちに食べるにこしたことはない。

スケトウダラには、長年にわたって「煮ても焼いても食えない魚」という悪評がつきまとってきた。北海道の底引き網漁業の発展に多大の貢献をしたスケトウダラだが、一九三〇年代には、日持ちが悪く、たちまち悪臭を発するので、あまり食用にはされず、魚肉の大半は肥料や飼料の原料に回され、マダラの卵巣より美味といわれるタラコ(明太子)の原料としての価値しかないとさえいわれた。それでもこの魚は、第二次大戦後の連合軍の占領下で、食べ物を全面的に配給にたよっていたころ、東京の人々に供給された動物タンパク質の主役になったことがあるが、「悪臭のする不味な魚」という悪評を残したまま、都会の食卓から姿を消した。ところが、一九六〇年代に思わぬかたちで復活することになる。

スケトウダラの筋肉も水分の含有量が多くて、冷凍すると氷の結晶ができると同時に、タンパク質は変性して水分を保持しにくくなるので、解凍後、筋肉中に水分が遊離して残り、氷の結晶の跡にガスがたまって肉質はばさばさになってしまう。タンパク質の変性を防ぐことを目的にはじまった研究は、徹底した水さらしによる酵素系の除去と、糖質の添加による凍結変性の阻止に成功し、すり身にして凍結保存が可能になり、画期的な冷凍すり身の製造技術が確立されたのである。一九六〇年のことである。冷凍すり身は、水揚げ地でも、北洋の母船上でも生産され、日本各地のかまぼこをはじめ、ねり製品の生産を支えるといわれるほどになった。

こうして一躍脚光をあびたスケトウダラは、冷凍すり身の需要の増加に応じて、漁獲量は急増し、一時は三〇〇万トンを越え、漁場は遠くベーリング海まで広がった。しかし、二〇〇カイリ排他的経済水域時代になると、漁場は縮減を余儀なくされて漁獲量は減少し、本種もまた輸入依存に傾いている。

スケトウダラの卵巣はもともと塩タラコにして珍重されていたが、近ごろは韓国風に唐がらしを加え、秘伝の出汁《だし》で仕上げた博多名産の「辛子明太子」に人気がある。

麦わらイサギと麦わらダイ

関西では、麦秋の六月ころから夏までが旬といわれるイサキを「麦わらイサギ」という。イサキは黒潮や対馬暖流に洗われる暖かい海に生息し、六〜八月の産卵期には磯に寄りつき、漁獲量も多くなる。皮膚が硬くて、やや磯くさいきらいはあるが、塩焼きの味には定評がある。切り身にすると、外見はマダイに似ていて、マダイの刺身に化けることもある。

同じ冠をいただく「麦わらダイ」には正反対の意味があり、瀬戸内海周辺ではこの時期に産卵を終わって衰弱したマダイをいう。うま味は一年中変わらないと賞美されるマダイでも、産卵後の一時的な味の低下はまぬかれない。この時期でも、産卵に参加しなかった若いマダイはタイの名にふさわしい味を保つ。

魚の旬は、同じ種であっても年齢、性、生息場所によって多少ちがうが、成魚になれば、産卵期直前の時期にあることが多い。産卵にそなえて活発に摂食し、体力を充実させる時期には、体は太り、肥満度の値は大きくなる。肥満度は産卵とは無関係に冬に最高値を示す魚もあるが、多くの種では産卵期直前に最高値に達して味もよくなり、産卵後に体が消耗して味が悪くなるころに最低値を示す。

魚の味は体側筋の筋肉繊維の構造と成分の変化に左右されるが、季節的に大きく変化するのは脂質含量と水分含量である。

産卵には多大のエネルギーを必要とする。産卵期に向けて魚が活発に摂食する時期に摂取した脂質は皮下組織、筋肉、肝臓、腸間膜などに蓄積される。産卵の準備と生殖行動のエネルギー源として消費される脂質は生殖巣が成熟するころには減少する。筋肉中の脂質も例外ではなく、産卵の最盛期には最低値を示す。産卵後、ふたたび摂食活動が活発になると、脂質の蓄積が進み、体力も回復する。逆に筋肉中の水分含量は脂質が蓄積される時期には減少し、脂質が消費されて不味になる時期には増加する。味の低下には水分も一役買っているようだ。

しかし、漁場や成長段階によって脂質含量の季節的変化の様相がちがう魚もあり、脂質含量の数値だけで安易に魚の旬を特定できないこともある。春に産卵するマイワシに例をとると、房総沖の魚群では筋肉中の脂質含量は三〜四月に六％近くの最低値を示した後、五月になると増加しはじめ、七〜八月には二五％以上になって最高値を示し、秋には減少しはじめる。水分含量は脂質含量と負の相関関係にあり、脂質含量が最高の時期には水分含量は約五八％で低く、脂質含量が低くなると、水分含量は七五％以上になる。北海道東沖の魚群では脂質含量は一〇月になっても増加して三〇％以上ある。山陰沖の魚群では脂質含量は一二〜一月に多く、衰弱期の三月には急激に減少して三％前後になる。

一年で生涯を閉じるアユでは、筋肉の脂質含量は成長にともなって増加し、八月に最高値を示し、以後、産卵期に向かって減少する。水分含量は成長するにつれて減少し、七〜八月に目立って減少し、以後、またやや増加するという。アユでは、内臓ほどではないが、背肉、とくに背鰭と頭の間の部分に多量の脂質が沈着する。八月になると、この部分の脂質含量は、養殖アユでは天然アユの三倍以上もあり、塩焼きにするとゼリー状のかたまりができる。

カナダでは日本へ輸出するカズノコの品質を向上させることを目的にして、産卵期前のニシンを網生け簀で条件を変えて飼育し、卵の成熟におよぼす影響を調べた研究がある。その結果、卵の成熟にともなって筋肉中の水分含量は増加し、脂質含量は減少することがわかった。また、冬に餌をあたえたものはあたえなかったものと比べて、体重と生殖巣重量が増え、筋肉や肝臓のグリコーゲン含量が多く、卵巣卵の直径がやや大きくなることも明らかにされている。

一年をとおして筋肉中の脂質含量が少ないマダラでは、事情が少しちがう。筋肉中の脂質は大部分が生命維持にかかわるリン脂質とコレステロールで、エネルギー源となる中性脂質はおもに肝臓に蓄積される。マダラの肝臓の脂質含量は多く、昔は肝油抽出の原料に使われたくらいである。カナダ東岸の大西洋のマダラを分析した結果によると、筋肉中の脂質含量は約〇・六～〇・七％で、季節的な変化はほとんどないのに対し、肝臓の脂質含量は夏に増加しはじめ、一〇～一一月には六〇％を越えるが、三～五月の産卵期を前にして一二月から急減し、四月には一五％になるという。

このように魚の旬と脂質含量は不可分の関係にあるが、うま味にかかわるエキス窒素の組成も季節によって、また成長段階によってちがう。旬の味は、これらの成分の総合的な味によって成り立っているのである。

偉才の料理人といわれた魚谷常吉《うおたにつねきち》さんは『味覚法楽』に、

これを要するに生殖、あるいは種族保存の活力を有する時期が、すべての食物の最もうまい時であると考えるのは、あながち無理なことではないので、その期間の年齢をもって食味の最高潮時と断じてよいのではないかと考える。

と、持論を述べ、

魚類においても同じであって、稚魚は水分過多で不味であり、老衰魚は筋肉繊維のみかたく、食用としては全く台なしのものであるのも、人の知ることである。

と、魚の味の核心をついている。

8
サバ街道今昔

若狭の浜焼サバ(上)とノルウェー産塩サバ(下)

増える輸入魚

サバはどこの家庭でも食卓に上る機会が多く、代表的な大衆魚といわれる。日本近海に分布するサバにはマサバ(ヒラサバ)とゴマサバ(マルサバ)の二種があるが、ふつう店頭にならぶサバはマサバである。世間ではサバの旬は秋といわれるが、夏の産卵期を除くと、冬も春も味はよいという地方もある。ゴマサバは南方系の魚で、南日本以外の地方では鮮魚としてはあまり出回らない。

西日本では古くからサバの姿ずしを名物にする所が多い。なかでも京都のサバずしは有名で、京都の人は葵祭や祇園祭など、何かにつけてこれを食べる。老舗のすし店には秘伝の漬け方があるし、各家庭にも家伝のつくり方がある。その材料のサバの仕入れについては、多くの苦労話が残っている。クール便がない昔は、海から離れた京都まで新鮮な魚を運ぶ作業には大変な苦労がともなったにちがいない。若狭湾に面した福井県小浜《おばま》市は、古くから京都や奈良との間に往来があり、ここに水揚げされた海の幸は、人や馬の力で険しい峠を越えて京都へ運ばれた。

「京は遠ても十八里　さば街道起点　生鯖塩して荷い京行き仕る　若狭小浜いづみ町」

小浜市のアーケード街の路面には、こんなパネルがはめ込まれている。サバ街道という正式の名称はない。江戸時代には北前船の寄港地となった小浜と京都の間には、いくつかの要路があって、荷物は若狭街道などを経て京都へ運ばれた。なかでも、鮮度を重視したサバが目立ったので、その運搬路を総称してサバ街道とよぶようになったといわれる。小浜に水揚げされたサバを腐敗防止のために一塩《ひとしお》ものに加工して、夜を徹して一日がかりで難所を越えて京都へ運ぶうちに、ほどよい塩かげんになって身がしまり、伝統ある味が生まれたのだろう。

塩焼き、味噌煮、しめサバ、竜田揚げなど、マサバの料理の幅は広く、旬は秋と相場がきまっている。脂質含量の季節的変化を調べると、五〜六月に産卵する太平洋側のマサバでは六月に最低になるが、産卵後の活発な摂食によって一〇月には二六％に増えるので、まちがいなく秋サバは脂がのって味がよくなっている。日本海側のマサバの脂質含量は相対的に少なく、秋になっても太平洋側の秋サバにはおよばない。しかし、アミを腹いっぱいに食べた産卵直前の春サバの味は、捨てたものではない。

マサバの漁獲量は増減の振幅が大きく、漁業者を悩ます。豊漁の時期にはサバの山が港に野積みになって豊漁貧乏に泣かされるかと思うと、突然、不漁の時期が訪れ、大群がふたたび来遊するのをひたすら待たされることもある。ところが、マサバの漁獲量が一九六〇年代に急増した後、一九八〇年代になって、「サバが消えた」といわれるほど激減し、サバが高級魚になると騒がれた時、スーパーの魚売り場に異変が起こった。急増する輸入魚の勢いをかりて、脂ののった大西洋のマサバがならぶようになったのである。日本産のマサバの漁獲量の減少を補うように輸入された大西洋のマサバは日本の市場で増加の一途をたどり、代役がたちまち主役の座におさまってしまった。

大西洋のマサバはアメリカ東部の沿岸海域と、北海から地中海にかけての広い海域に分布し、体形も皮膚の虫食い模様も、日本のマサバによく似ているが、細かい特徴にはちがいがある。最も大きな相違点は鰾《うきぶくろ》で、日本の二種のサバにはあるが、大西洋のマサバにはない。しかし、これは腹を開かないとわからない。味にかかわる脂質の含有量は、平均して日本の秋サバより多く、嗜好が「脂」へ傾いた日本の食生活に抵抗なく受け入れられた。日本へ輸入されるものは、ほとんどがノルウェー近海で漁獲される。冷凍設備が発達した今日では、北海の好漁場に面したノルウェーからはるばる日本までの航路は現代のサバ街道になっている。

こうして大西洋のマサバはいつの間にか日本料理に浸透し、ついに東海林さだおさんの新聞連載漫画にも、主人公が民宿でサバの味噌煮を食べながら、「その土地でとれる素朴な料理がいい」とほめると、宿の主人は「それノルウェー産ですけど」と打ち明ける場面が描かれるほどになった。

今日の日本は、まちがいなく食糧の輸入大国である。たとえば、年のはじめに庶民の「おせち料理」をかみしめながら、その材料の国籍をたどると、エビ、カズノコ、時にはタイも、そして、クリ、タケノコなど、と数えあげると、大半が輸入品である。元来、「おせち料理」は正月を祝う料理であると同時に、不時の食料不足にそなえるように戒めをこめた料理といわれてきた。しかし、その中身を調べると、材料はほとんど輸入品、という皮肉な現状が浮き彫りになる。自給率の低い重箱の料理は、日本の食料安全保障に警鐘をならしている。

魚介類の輸入量も急増し、かつて漁業大国といわれた日本は、一転して水産物の輸入大国に変貌してしまった。日本人はエビが好きで、一人当たりのエビの消費量は世界一である。「イワシは嫌い」という人はいても、「エビのフライやてんぷらは嫌い」という人はまずいない。この需要を支えているのは世界中からかき集める輸入エビである。エビとともに、トロの人気に押されて需要が急増したクロマグロも、高級輸入魚のリストの上位を独占するようになった。世界一の高値買いが世界の海からクロマグロを日本へ引き寄せている現状に対して、海外では、

「すしへの果てしない欲望がクロマグロを絶滅させる」と批判し、取引規制を訴える環境保護団体の動きも活発になってきた。

二〇〇カイリ排他的経済水域が世界的に定着した現在、日本に輸入される魚介類は高級魚からいわゆる大衆魚まで多岐にわたり、料亭から家庭の食卓まで広く出回っている。マダイの仲間、カズノコ、イカ・タコの仲間、サケ、かまぼこの原料となるスケトウダラのすり身、と銘柄を数え上げるときりがない。

街の回転ずしの店をのぞいてみよう。養殖ハマチは別として、エビ、イカ、サーモン（大西洋のサケが多い）、イクラ、カズノコなど、次々に目の前をよぎるすし種は、みな輸入ものではないかと思ってしまう。さらに、ウニもビントロ（ビンナガのトロ）もそうではないか、と疑いたくなる。

すし店を出て、夜の居酒屋の扉を開くと、ここの壁にも輸入魚と思われる品書きがならぶ。なかでも「子持ちシシャモ」は人気の一品になっている。その正体は和名をカラフトシシャモといい、日本固有のシシャモと比べると、ともに雄のしり鰭が大きく、同じキュウリウオ科に属するが、色はやや青みをおび、鱗の大きさなどにちがいがある。

この魚は英語の一般名をカペリンといい、分布範囲は北極海から北大西洋の東側と西側、さらにベーリング海、オホーツク海、日本海の大陸側、北太平洋東側などに広がる。かつてサハリン近海でとれた標本にカラフトシシャモという和名がつけられたので、その名が残っているが、現在、日本近海では北海道のオホーツク海側にわずかに生息するにすぎない。産卵のために川へさかのぼるシシャモとちがって、産卵期には海岸の砂浜あるいは沖合の海底に沈性卵を産みつける。カナダのニューファンドランドの海岸では、春から夏にかけて産卵時には大群が波打ちぎわに折り重なって押し寄せるという。アイスランドやニューファンドランド沖の産卵群には、沖合の海底で産卵する群れもいる。

日本へ輸入されるカペリンの産地は、主としてアイスランドやカナダなどであると聞く。この魚もまた、国産のシシャモに比べて脂質の含有量が多い。腹いっぱいに詰まった卵のツブツブの食感が酒に合う、と喜ばれる。この魚の筋肉の脂質含量も産卵期前に増えるが、卵の成熟が進むと減ってくる。ノルウェー北部のカペリンの産卵盛期は五月であるが、この時期には筋肉の脂質含量は二％弱まで減少する。逆に、卵巣の脂質含量は産卵がはじまるまで増えつづける。

品薄で高価な本物のシシャモと比べて輸入カペリンは価格がけたちがいに安く、酒場にとどまらず、スーパー経由で家庭の食卓にも進出している。

つぎにスーパーの魚売り場に目を向けると、季節を問わず、ウナギの蒲焼パックがならんでいる。この伝統食品もまた輸入の動向と無縁ではない。

明治のころも、その後も、ウナギはぜいたくな食べ物であった。

鰻が出る。僕はお父様に連れられて鰻屋へ一度行って、鰻飯を食ったことしか無い。古賀がいくらだけ焼けと金で誂《あつら》えるのに先ず驚いたのであったが、その食いようを見て更に驚いた。串を抜く。大きな切《きれ》を箸で折り曲げて一口に頰張る。(森鷗外『ヰタ・セクスアリス』)。

毎年七月下旬になるときまって、「ウナギ受難の日」とか、「万葉もうたうスタミナ食品」というような見出しが写真入りで新聞の紙面に登場し、土用丑の日にウナギを食べる習慣をあおる。しかし、いまや、蒲焼は特別の注文をつけなければ、手の届かない高価な食べ物とはいえず、一年中いつでも食べられる季節感の薄い日常的なメニューに仲間入りしている。蒲焼が大衆食品に変貌した陰には、養殖によるウナギの増産と、ウナギ上りの輸入量増加の力がはたらいている。

養殖ウナギの生産は、天然のシラスウナギの来遊量に依存している。川へさかのぼるために沿岸海域へ到着したシラスウナギを採捕して、池へ移して餌をあたえて養殖するので、養殖ウナギの生産量が増えるにつれて、シラスウナギ採捕の競争が激化した。やがてシラスウナギの不足をまねき、国内ではまかないきれなくなり、台湾や中国からシラスウナギを輸入して不足分を補ったが、それでも間に合わず、ついにヨーロッパウナギのシラスまで日本の養魚場へ入り込む事態になった。

また、生産コストの低い台湾や中国など、海外でウナギを養殖する業者が増え、蒲焼の原料は海外から空路で運び込まれるようになった。さらに、台湾や中国では蒲焼産業の発展が目ざましく、現地で白焼き、あるいは蒲焼に加工したものが輸入されようになった。輸入量は、夏の蒲焼の季節に多いが、毎月ほぼ安定していて、スーパーなどで手軽に買える。国内の養殖技術の進歩と、大量の輸入ウナギのおかげで、蒲焼はいつでも食べることができる。しかし、日本の市場を席巻した中国の安価な輸入蒲焼は、ネギやシイタケと同様にセーフガード発動の問題に発展しかねないと懸念されている。

季節を感じさせる魚がめっきり少なくなった要因には、漁業や養殖の技術の進歩、食生活の変化、輸入魚の増加などがあげられているが、最大の要因は冷凍・冷蔵設備の発達と、コールドチェーン網の整備にあるといわれる。水揚げ地の超低温冷凍倉庫の建設、保冷車の性能の向上、家庭用の電気冷蔵庫の普及などによって、魚は品質を落とさずに、長期保存が可能になるとともに、水揚げ地から遠く離れた地方の消費者にも行きわたるようになったのである。

魚離れ

輸入水産物が増える陰で、魚食人口が減るという皮肉な現象が起こり、漁業関係者は頭をかかえている。

「世の中にはさほど値打ちの無いものでも、その数が少なければ珍重されますが、これに反しまして、大へん値打ちのあるものでも、多量であるがために貴ばれないといふ気の毒なものもあります。すなはち、鰯《いわし》のごときはこの一つで、その栄養価値は蛋白質脂肪性食品としては世界的絶好の物であります。」(横光利一『紋章』)

これは一九八八年をピークとする豊漁期のマイワシの話ではなく、ひと昔もふた昔も前に、マイワシが大量に水揚げされていたころの話だが、この魚のタンパク質食品としての価値を端的に表現している。

豊漁期に港にあふれるほど水揚げされるマイワシは、有効に利用すれば貴重なタンパク質資源となるはずだが、いつの時代にも人気はいま一つのようだ。

鰯は、魚中《ぎょちゅう》第一の物にて、万民の利益大かたならず。殊《こと》に田地の養ひとして、世の宝なるべし、しかも食して尤厚味《もっともこうみ》也。末代世奢《よおご》り、華美を好む風俗と成て、食する事を耻《はじ》とす。

これも、マイワシが貴い肥料になるというくだりを除けば、現在の若人の魚食観に対する識者の所感、といっても通用する一節であるが、享保一六年(一七三一年)の話で、西川如見《じょけん》さんは『百姓嚢《ひゃくしょうぶくろ》』にこのように記している。

古くから、マイワシはなまでよし、焼いてよし、煮てよし、干してよし、と料理の方法も多彩で、シラス干し、刺身、ぬた、塩焼き、煮つけ、てんぷら、つみれ、丸干し、みりん干し、へしこ、油づけなどになって、広く庶民の食卓に上がっていた。

ところが、近年、食べ物が豊かになって、日本人の食生活に変化が生じた。米を主食とした時代の日本の食生活では、動物タンパク質の摂取量はわずかだった。第二次世界大戦前の一人一日当たりの動物タンパク質の摂取量は七グラム前後で、そのうち約七〇%が水産物だった。

この状態は食物が極端に不足した戦後もしばらくつづいたが、やがて高度経済成長とともに、食生活はしだいに豊かになった。同時に動物タンパク質の摂取量は増加したが、その供給源を畜産物に求めるようになった。一九五五年以降の一人一日当たりの動物タンパク質の摂取量と、その内訳の推移をたどると、一九五五年には動物タンパク質の摂取量は一六・九グラムで、その八〇%近くは水産物だった。その後、動物タンパク質の摂取量は徐々に増えたが、畜産物の占める割合が目立って大きくなった。一九七六年になって動物タンパク質の摂取量は三六・六グラムに達したが、ここでついに水産物が占める割合は五〇%を割り、主役の座を畜産物に明けわたした。その後も畜産物の需要は増えつづけ、日本人の魚食の伝統は崩れ、魚離れはまぎれもない事実となった。

魚離れの主因については諸説があるが、日本人の生活スタイル、とくに「住」と「食」の変化が密接に関係するという見方が強い。「住」の面では、気密性の高い住居と、生ゴミ処理の問題が魚食の制約に直結する。魚の調理にともなう煙やにおいはたちまち部屋に充満するし、尾かしらつきの魚の骨や内臓の残滓は腐敗が早くて悪臭のもとになり、快適な住環境をそこなうおそれがある。「食」の面でも、家事の省力化によって面倒な魚の調理は敬遠され、多少高価になっても、骨も皮もなくて、ゴミも残らない刺身、切り身、練り製品など、手軽に食べられる魚介類が消費の主流になった。

そして、何よりも若年層の魚離れが魚の消費のかげりに強い影響をおよぼしている。各種の調査資料によると、「肉に比べて高くつくし、調理が面倒」とか、「あのにおいががまんできない。骨が邪魔になって食べにくい」といって魚は敬遠される。

要するに、魚離れは魚を毛嫌いする人が増えたことが大きな要因だというのが大方の意見だが、食生活に洋風の要素が取り入れられて、畜肉偏重に傾いたことも無視できない。

ところが、畜肉に重点を移した飽食の時代を迎えて、肥満、高血圧、高脂血など、成人病につながる兆候が増え、社会的な問題になっている。昔話にある「主食は米、ごちそうは魚」が理想的な食生活とはいえないが、良質のタンパク質、多価不飽和脂肪酸、ビタミン、カルシウムなど、私たちの健康に資する成分を含む魚は、もっと評価されてもよいだろう。

各地で繰りひろげられる「魚食のすすめ」のキャンペーンには、「背が青い魚に含まれる多価不飽和脂肪酸のエイコサペンタエン酸（イコサペンタエン酸、EPA）は血栓性疾患の予防に効果があり、ドコサヘキサエン酸（DHA）は脳のはたらきをよくする」といううたい文句が必ずついている。

EPAの抗血栓、抗動脈硬化の効用が明らかになったのは、グリーンランドの先住民の疫学的調査で心筋梗塞が少ないことが報告されたことに端を発する。魚をよく食べる彼らの血液中にはＥＰＡが多く、これが血小板の凝集作用をおさえることや、動脈硬化因子を抑制することがわかったのである。その後の研究によって、ＥＰＡは心筋梗塞や脳梗塞などの血栓性疾患の予防に有効であると認められた。しかし、血液の凝固をおさえるＥＰＡは、出血をともなう疾患、たとえば脳出血では症状を悪化させることになり、現に、ＥＰＡの過剰摂取は脳出血患者の増加につながるという指摘もある。

ＤＨＡについては脳や網膜など、脳や神経系の組織のはたらきをよくするといわれ、動物実験によってＤＨＡは記憶学習能力の向上に有意にはたらくことが報告されている。

ＥＰＡもＤＨＡも化学構造上、二重結合の炭素原子の位置によってｎ‐３系の脂肪酸に分類され、魚にとっては必須脂肪酸になっている。これらの含有量は同一種でも摂食量の季節的変化や生理的状態によって異なるが、淡水魚より海水魚に多い。淡水魚は体内で両脂肪酸を合成できるが、ほとんどの海水魚はその能力がないので、両脂肪酸をもっぱら食物から摂取している。ＥＰＡもＤＨＡも生産の原点はケイ藻や微小藻類にあり、食物連鎖をとおして海水魚の体内に濃縮されることが明らかにされている。また、マイワシ、マサバ、マアジなど、ＥＰＡを多く含有する魚の腸管内からはＥＰＡを産生する細菌が分離され、注目されている。

海水魚の養殖場では、マダイ、クロダイ、ブリ、ヒラメなどに投与する餌には両脂肪酸を含む必須脂肪酸を添加するように配慮されている。

ＤＨＡは魚の群れ行動の発現にもかかわり、これが不足すると、ブリの子魚は群れをつくることができないという興味深い研究がある。ブリの子魚をＤＨＡを含む餌と、ＤＨＡ欠乏の餌で飼育して比較すると、前者は全長一・三センチになるまでに群れ行動をはじめるが、後者は群れをつくることができないという。

荒廃しやすい天然のタンパク質備蓄場

週刊釣りサンデー社の小西和人さんは、釣り人の立場にありながら、干潟の消滅と運命をともにするように姿を消したアオギスの保護に奔走してきた。アオギスは、上品な味で定評のあるシロギスの近縁種で、干潮時に干潟が広がる海域に生息し、江戸前では、この魚を目当てにした「脚立釣り」は初夏の風物詩になっていた。その様子は、

「きゃたつ」は高さ一間あまりもあるべし。裾広がりなる梯《はしご》二つを頂にて合せ、海中にはだかり立ちて、其上に人を騎《の》らしむるやう造りたるものなり。およそ青鼠頭魚《あおぎす》は物音を嫌

ひ、物影の揺ぐをも好まざるまで神経《こころ》敏《はや》きものなれば、船にて釣ることも無きにはあらねど、「きゃたつ」に騎りて唯一人靜かに綸《いと》を下すを常の事とす。

などと、幸田露伴さんの随筆「鼠頭魚《きす》釣り」に詳しく書かれている。

ところが、日本が高度経済成長という大目標を掲げて生産活動に突き進んでいるうちに、東京湾をはじめ各地の干潟は埋立によって矢つぎばやに消え去ったり、はるか彼方へ後退してしまった。そして生息場所を失ったアオギスは姿を消した。

潮干狩りで賑わう干潟。渡り鳥の憩いの地となる干潟。波の音が消えて、冷たく光る冬の夜の干潟。干潟の風景は季節によって、また、昼夜によってさまざまに変わるが、そこにはつねに生物の息吹が満ちあふれている。満潮時には海中に消え、干潮時には湿地となり、環境条件は日周的に時々刻々と変化するが、干潟は多くの生物をはぐくみ、さながら肥沃な沿岸海洋牧場とでもいえるような小世界を形成する。

干潟にかぎらず、海岸線に沿って内湾や沿岸海域に形成される藻場も生物生産の中心になっていて、その生産力は陸上の森林に匹敵するとさえいわれる。この海中林を構成する植物は海域によってちがうが、魚にとっては生息場所として、産卵場として、また、稚魚の成育場として重要な役割を果たしている。

陸地を取り巻く沿岸海域は、流入する河川の影響を強く受ける。緑豊かな森林や平野に降った雨水は肥沃な土地を洗い、窒素やリンなどの栄養塩類を集めて川の流れとなって、絶え間なく内湾や沿岸海域にうるおいをもたらす。

しかし、残念なことに、日本の沿岸のいたる所で埋め立て工事や護岸工事がおこなわれ、干潟が消えたり、藻場が枯れたりして、生物の生息場所は激しく様変わりしつつある。そのつけは大きく、各地の内湾や瀬戸内海では、海水や海底の汚染が加速したり、漁業生産がいちじるしく減退して、計り知れない被害がでている。

海中でも、生物生産の第一歩は陸上と同様に植物の光合成からはじまる。岸近くの海底にゆらぐ色とりどりの海藻や、海中に漂う微細な植物プランクトンの量が多いか少ないかは、これらを起点とする動物プランクトンをはじめとする多くの動物の総量を左右するはずである。沿岸海域では、栄養塩類の濃度が高いと、高水準の生物生産が保たれ、その結果として生物群集は質的にも量的にも豊富になる。表層の生物生産が活発な海域では、食物連鎖の鎖は表層にとどまらず海底まで広がり、その結果、底生生物の種数も現存量も多くなっている。

このように、沿岸海域の生物生産の立地条件は、栄養塩類が比較的少ない沖合に比べて、はるかに恵まれている。加えて、わが国の沿岸海域は、暖流と寒流が運んでくる数々の恩恵を受けて、世界でも有数の海の幸の宝庫になっている。こうして私たちは長い間、豊穣の海の恩恵を甘受してきた。

しかし、河川に毒性のある物質や、過剰の栄養塩類が流れ込むと、真っ先に影響を受けるのは沿岸海域で、均衡のとれた正常な生物生産に乱れが生じる。わが国では高度経済成長の光の陰で、予測を上回る農薬や生活排水が川を経て海へ流れ込み、川や沿岸海域の生物に深刻な被害をもたらしたのは周知の事実である。さらに、工場から出る排水も川や海の生物に多大の影響をおよぼし、水質の悪化が急速に進み、有用生物に壊滅的な打撃をあたえたばかりでなく、食物連鎖をとおして有害物質の生物濃縮が起こり、私たちの生活をおびやかすようになった。

たとえば、DDTやPCBなど、私たちの生活の向上に大きく貢献すると信じられていた強力な化学物質は両刃の剣となって、裏では私たちに向かっておそろしい牙をむいていたのである。

DDTなどの合成殺虫剤や、人体に有害な化学物質は、地球上の空気、大地、河川、海洋にくまなく広がり、簡単にはきれいにならないほど汚してしまった。私たちは、これらによる川や海の汚染のおそろしさを身をもって経験した。有機水銀を含む工場排水で汚染された水俣湾で漁獲された魚介類を日常的に食べた人たちを、長年にわたって苦しめた「水俣病」は、海の汚染の象徴的な出来事として世界に知れわたるところとなった。

多くの犠牲を払った末に、ようやく人々の環境保全の意識が高まり、沿岸の環境は部分的には徐々に改善されているが、いまなお陸地から沿岸海域、とくに内湾へ流入する大量の窒素やリンなどの栄養塩類の増える傾向は変わらず、富栄養化の状態がつづいている。その結果、毎年のように、赤潮の原因となる有害植物プランクトンが異常発生し、おびただしい生物が死んだり、養殖場のハマチやマダイやクロマグロまでが甚大な被害をこうむっている。渦鞭毛藻《うずべんもうそう》が産生する麻痺性貝毒によるアサリ、カキ、ホタテガイなどの貝類の毒化現象も頻発して、私たちの食生活に不安をあたえている。

農薬や有害物質などの排出量は規制の効果があって、これらの流入量は表面的には減少し、川や海の汚染も小康状態にあるかのように思われていた。だが、それも束の間で、多くの化学物質はいわゆる環境ホルモンとしても作用することがわかり、魚の種族維持までがおかされようとしている。

危機にさらされているのは魚だけではない。船底に付着するフジツボやカキなどを防除するために開発された船底塗料に含まれるトリブチルスズやトリフェニルスズなどの有機スズが海中に溶出すると、巻貝に対して内分泌攪乱化学物質として作用することが明らかになっている。

投棄タイヤの中で休息するベラの仲間のイラ
(伊藤勝敏さん提供)

有機スズはきわめて低い濃度であっても、イボニシやアカニシの雌を生殖機能のない雄に転化させるというからおそろしい。

さらに、琵琶湖や芦ノ湖などの湖底には、ブラックバス釣りで使い捨てにされたプラスチックのミミズ型擬似餌《ぎじえ》が大量にたまっているのがわかり、新たな波紋を投げかけている。この擬似餌に含まれるフタル酸ジエチルヘキシルは水中に溶出しやすく、しかも内分泌攪乱化学物質として作用するので、この状態がつづけば、琵琶湖などでは生物へ悪影響をおよぼすことは必至、と危惧されている。

沿岸海域の環境破壊は化学物質の影響だけではない。磯の釣り場付近に潜るダイバーからは、海底のいたる所にゴミが散乱し、放棄された道糸や針のついた細糸が海藻にまといついたり、投げ捨てられた空き缶やビン、古タイヤ、ビニール袋などで釣り場の底は荒れ放題になっている、という苦情を聞く。大量の土が混じった撒《ま》き餌《え》によって釣り場の底は生き物のいない砂漠状態になり、せっかくの優れたポイントも、魚が寄りつかなくなって、その価値を失った所もある。一つ一つの釣り場では取るにたらない面積でも、このような荒廃した場所が増えると、沿岸海域の生物資源におよぼす影響は無視できなくなる。

繰り返していうが、わが国の沿岸海域は四季を問わず豊かな生物相に恵まれ、魚類、貝類、甲殻類などの動物タンパク質食料の宝庫になっている。家畜を飼育して動物タンパク質を生産する畜産業とちがって、沿岸海域では人間の手を借りることなく、つまり、餌をあたえられなくても、海の生物生産によって天然の恵みとして多種多様の魚介類が生産されるので、この海域は天然の動物タンパク質備蓄場といえる。

飽食の時代には、消費者の需要に応じて付加価値の高い、いわゆる高級魚が大量の餌を使って養殖される。しかし、沿岸海域で多く漁獲される魚類はなぜか軽視されて消費が伸びない。漁業関係者の嘆きは深刻である。そのうえに、輸入魚は増加の一途をたどり、魚離れといわれる私たちの食生活でも、輸入魚が占める割合は大きくなるばかりで、漁業関係者はますます危機感を募らせている。また、漁業従事者の高齢化と、後継者不足という現実を直視すると、わが国の漁業の将来が案じられる。

しかし、ひとたび、タンパク質食料の供給が不足する事態になれば、沿岸海域の漁獲物は一転して貴重なタンパク質資源になるはずである。そのような非常事態に直面して、沿岸海域が荒廃し、生物の姿が消滅していては悲劇といってすまされないだろう。かけがえのないこの海域の環境は、生物生産に支障のないように保全されなければならない。

「日本人の食糧としての動物性蛋白源としてお魚を考えれば、川も海も魚が住めるようにしておかないと大変なことになりますね」

「すでにPCBと水銀で、日本の近海はただでさえ危険なんですから」

異色の小説『複合汚染』で、有吉佐和子さんは、すでに一九七五年に、食糧危機にそなえて安全な魚介類を確保するように呼びかけている。

おわりに

高橋治さんは『青魚下魚安魚讃歌』という啓蒙書を著し、

辞書には青魚という言葉はありません。それをあえて使うのは、辞書にはなくても、鰯や鯖など肌の色が青みを帯びる一群の魚の名として十分に通用するからです。それに、この際、青魚の地位を高めてやりたいとも思います。

では、なぜ、青魚なのかという問題ですが、味の深さ、姿の美しさ、値の安さなど、あらゆる好条件が揃っているのに、不当に冷遇されていると思うからです。

と、マイワシ、マアジ、マサバなど、背が青い魚の味を称賛し、これらの魚のおいしい食べ方を詳述している。そして、魚の王者といわれるマダイについては、魚食学の試験では八〇点しかとれず、味の最高峰を争えば万年大関にすぎない、と手きびしい評価を下している。

私もマイワシやマサバを好んで食べる。また、東京にも、名古屋にも、大阪にも、イワシ料理の専門店があり、どこもけっこうにぎわっている。しかし、その客のすべてが家庭で日常的にイワシ料理を食べているとは考えられないし、流通機構の事情がからんで、家庭で新鮮なマイワシを安く入手することもむずかしい。クロマグロであろうが、マイワシであろうが、重量できまる運賃は同じだから、高級魚のクロマグロに比べるとマイワシは不利な立場にあり、消費地の店頭に出る機会はどうしても少なくなる。かてて加えて、「魚離れ」現象がいちじるしい今日の日本の食生活では、いかに持ち上げられても、今のところ、マイワシの地位が向上する気配は残念ながらない。

もともと、魚の「旬」の定義はかなり曖昧で、料理人や食べる人の主観によって左右されることが少なくない。たしかに、魚体の脂質含量の季節的変化は一つの目安にはなるが、筋肉の成分組成によってその魚の「旬」の時期を特定することはむずかしい。産卵後の一時的な衰弱期を除けば、いきのよい魚にはそれなりの味があり、人それぞれに、その魚を「旬」と思って味わう季節があると思う。

多くの人が、四季おりおりの近海産の新鮮な魚を食べるようにすれば、おのずと魚の「旬」について関心が高まるだろう。旬の味はマダイに匹敵すると世間で認められたら、背が青い魚の出番も増えるだろう。

『ラルース料理百科事典』の改訂版を編集した料理評論家のクールティーヌさんは、著書『味の美学』(黒木義典訳)で、

自然を尊重しなければならない。自然は、雪の下にグリンピースを、太陽の下に茸を育てはしない。自然があなた方にメニューのあるべき姿を教えている。魚、チーズ、野菜その他……食べる物にはすべて季節があり、月がある。

と述べ、自然の法則にさからうことなく、季節に合わせて旬の食材を選ぶようにすすめている。

この小著では、各章の組み立ての都合上、記述に重複する部分がある半面、舌たらずの部分もあり、さらに、まったく取り上げなかった事項もあり、これでいわゆる「旬の魚」の全貌を語りつくしたとはいえないが、テレビ、新聞、雑誌などに、「今が旬」などと、うたい文句つきで登場する魚の暮らしぶりの概要を記述するようにつとめたつもりである。

本書をまとめるまでには、川那部浩哉さんと後藤耀一郎さんから、折にふれ、ことにふれ、食卓を飾る魚の味の特性を探ることの重要性を吹き込まれ、探索に同道したこともある。

執筆にあたっては、随所で多数の内外の優れた研究業績を引用した。それぞれ出所を明記するのが常道とは思うが、あまりにも多数にのぼることもあって、礼を失したところが多い。ここで原著者の皆様に深く感謝の意を表することでお許しいただきたい。

長辻象平さんには入手しにくい資料の閲覧に際して、いろいろとお世話になった。編集部の森光実さんと坂巻克巳さんには内容のすみずみにいたるまで貴重な助言をいただいた。ここに記して心より御礼を申し上げたい。

二〇〇二年六月

岩井　保

Fisheries Science. (5) (1993)

Nelson, J. S., Fishes of the World. 3rd ed. John Wiley & Sons. (1994)

Watson, C., Burnt tuna : A problem of heat inside and out ? *In* "Hochachka, P. W. and T. P. Mommsen (eds.), Biochemistry and Molecular Biology of Fishes, Vol. 5". Elsevier. (1995)

Chen, L., A. L. DeVries, and C.-H. C. Cheng, Convergent evolution of antifreeze glycoproteins in Anterctic notothenioid fish and Arctic cod. *Proceedings of National Academy of Sciences USA*. 94 (1997)

Grant, W. S. and B. W. Bowen, Shallow population histories in deep evolutionary lineages of marine fishes : insights from sardines and anchovies and lessons for conservation. *Journal of Heredity*. 89 (1998)

Welch, D. W., Y. Ishida, and K. Nagasawa, Thermal limits and ocean migrations of sockeye salmon (*Oncorhynchus nerka*) : long-term consequences of global warming. *Canadian Journal of Fisheries and Aquatic Sciences*. 55 (1998)

Block, B. A. and E. D. Stevens (eds.), Tuna : Physiology, Ecology, and Evolution. Fish Physiology, Vol. 19. Academic Press. (2001)

Motta, P. J. and C. D. Wilga, Advances in the study of feeding behaviors, mechanisms, and mechanics of sharks. *Environmental Biology of Fishes*. 60 (2001)

野口玉雄『フグはなぜ毒をもつのか——海洋生物の不思議』(日本放送出版協会，1996年)
木村茂編『魚介類の細胞外マトリックス』(恒星社厚生閣，1997年)
塩見一雄・長島裕二『海洋動物の毒〔改訂版〕——フグからイソギンチャクまで』(成山堂書店，1997年)
川合真一郎・小山次朗編『水産環境における内分泌攪乱物質』(恒星社厚生閣，2000年)
香川芳子監修『五訂 食品成分表』(女子栄養大学出版部，2001年)
田畑満生編『魚類の自発摂餌——その基礎と応用』(恒星社厚生閣，2001年)

Carey, F. G. *et al*., Warm-bodied fish. *American Zoologist*. 11(1971)
Lauder, G. V., Patterns of evolution in the feeding mechanism of Actinopterygian fishes. *American Zoologist*. 22(1982)
Sato, K. *et al*., Collagen content in muscle of fishes in association with their swimming movement and meat texture. *Bulletin of the Japanese Society of Scientific Fisheries*. 52(1986)
Lønning, S. *et al*., A comparative study of pelagic and demersal eggs from common marine fishes in northern Norway. *Sarsia*. 73(1988)
Videler, J. J., Fish Swimming. Chapman & Hall.(1993)
Yamashita, M., Studies on cathepsins in the muscle of chum salmon. *Bulletin of National Reseach Institute of*

主要参考文献

（本文中に書名をあげて引用した文献は省略する）

田中茂穂『食用魚の味と営養』(時代社，1943年)

A. A. ベンソン・R. F. リー著，鹿山光訳「食物連鎖とワックス」『日経サイエンス』5巻5号(1975年)

小長谷史郎「異常性状の魚肉：ジェリーミートとヤケ肉」『日本食品工業学会誌』29巻6号(1982年)

座間宏一・高橋裕哉編『秋サケの資源と利用』(恒星社厚生閣，1985年)

鹿山光編『水産動物の筋肉脂質』(恒星社厚生閣，1985年)

落合明・田中克『新版 魚類学(下)』(恒星社厚生閣，1986年)

森沢正昭・会田勝美・平野哲也編『回遊魚の生物学』(学会出版センター，1987年)

須山三千三・鴻巣章二編『水産食品学』(恒星社厚生閣，1987年)

桑村哲生『魚の子育てと社会――誰が子育てすべきか』(海鳴社，1988年)

隆島史夫・羽生功編『水族繁殖学』(緑書房，1989年)

板沢靖男・羽生功編『魚類生理学』(恒星社厚生閣，1991年)

岩井保『魚学概論 第2版』(恒星社厚生閣，1991年)

平野敏行・章超樺「アユの香気とその由来について」『養殖』30巻2号(1993年)

後藤晃・塚本勝巳・前川光司編『川と海を回遊する淡水魚――生活史と進化』(東海大学出版会，1994年)

や 行

わ 行

た 行

な 行

は 行

ま 行

主要魚名索引

あ 行

か 行

さ 行

岩井　保

1929年島根県生まれ
1961年京都大学大学院農学研究科博士課程修了
現在－京都大学名誉教授
専攻－魚類生物学
著書－『魚学概論』(恒星社厚生閣)
『魚の国の驚異』(朝日新聞社)
『検索入門 釣りの魚』(保育社)
『魚の事典』(分担執筆，東京堂出版)
ほか

旬の魚はなぜうまい　岩波新書(新赤版)805

2002年9月20日　第1刷発行

著　者　岩井《いわい》　保《たもつ》

発行者　大塚信一

発行所　株式会社 岩波書店
〒101-8002 東京都千代田区一ツ橋2-5-5
電　話　案内 03-5210-4000　営業部 03-5210-4111
新書編集部 03-5210-4054
http://www.iwanami.co.jp/

印刷・三秀舎　カバー・半七印刷　製本・桂川製本

ISBN 4-00-430805-4　Printed in Japan

岩波新書創刊五十年、新版の発足に際して

岩波新書は、一九三八年一一月に創刊された。その前年、日本軍部は日中戦争の全面化を強行し、国際社会の指弾を招いた。しかし、アジアに覇を求めた日本は、言論思想の統制をきびしくし、世界大戦への道を歩み始めていた。出版を通して学術と社会に貢献・尽力することを終始希いつづけた岩波書店創業者は、この時流に抗して、岩波新書を創刊した。

創刊の辞は、道義の精神に則らない日本の行動を深憂し、権勢に媚び偏狭に傾く風潮と他を排撃する驕慢な思想を戒め、批判的精神と良心的行動に拠る文化日本の躍進を求めての出発であると謳っている。このような創刊の意は、戦時下においても時勢に迎合しない豊かな文化的教養の書を刊行し続けることによって、多数の読者に迎えられた。戦争は惨澹たる内外の犠牲を伴って終わり、戦時下に一時休刊の止むなきにいたった岩波新書も、一九四九年、装を赤版から青版に転じて、刊行を開始した。新しい社会を形成する気運の中で、自立的精神の糧を提供することを願っての再出発であった。赤版は一〇一点、青版は一千点の刊行を数えた。

一九七七年、岩波新書は、青版から黄版へ再び装を改めた。右の成果の上に、より一層の課題をこの叢書に課し、閉塞を排し、時代の精神を拓こうとする人々の要請に応えたいとする新たな意欲によるものであった。即ち、時代の様相は戦争直後とは全く一変し、国際的にも国内的にも大きな発展を遂げながらも、同時に混迷の度を深めて転換の時代を迎えたことを伝え、科学技術の発展と価値観の多元化は文明の意味が根本的に問い直される状況にあることを示していた。

その根源的な問は、今日に及んで、いっそう深刻である。圧倒的な人々の希いと真摯な努力にもかかわらず、地球社会は核時代の恐怖から解放されず、各地に戦火は止まず、飢えと貧窮は放置され、差別は克服されず人権侵害はつづけられている。科学技術の発展は新しい大きな可能性を生み、一方では、人間の良心の動揺につながろうとする側面を持っている。溢れる情報によって、かえって人々の現実認識は混乱に陥り、ユートピアを喪いはじめている。わが国にあっては、いまなおアジア民衆の信を得ないばかりか、近年にいたって再び独善偏狭に傾く惧れのあることを否定できない。

豊かにして勁い人間性に基づく文化の創出こそは、岩波新書が、その歩んできた同時代の現実にあって一貫して希い、目標としてきたところである。今日、その希いは最も切実である。岩波新書が創刊五十年・刊行点数一千五百点という画期を迎えて、三たび装を改めたのは、この切実な希いと、新世紀につながる時代に対応したいとするわれわれの自覚とによるものである。未来をになう若い世代の人々、現代社会に生きる男性・女性の読者、また創刊五十年の歴史を共に歩んできた経験豊かな年齢層の人々に、この叢書が一層の広がりをもって迎えられることを願って、初心に復し、飛躍を求めたいと思う。読者の皆様の御支持をねがってやまない。

（一九八八年 一月）

岩波新書より

生物・医学

分子生物学入門　美宅成樹
健康食品ノート　瀬川至朗
私の脳科学講義　利根川進
性機能障害　白井將文
ペンギンの世界　上田一生
植物のこころ　塚谷裕一
ヒトゲノム　榊佳之
健康ブームを問う　飯島裕一編著
疲労とつきあう　飯島裕一
日常生活の法医学　寺沢浩一
生活習慣病を防ぐ　香川靖雄
気になる胃の病気　渡辺純夫
血管の病気　田辺達三
胃がんと大腸がん〔新版〕　榊原宣
骨の健康学　林泰史
医の現在　高久史麿編
がんの予防〔新版〕　小林博
中国医学はいかにつくられたか　山田慶兒
肺の話　木田厚瑞
水族館のはなし　堀由紀子
アルツハイマー病　黒田洋一郎
ボケの原因を探る　黒田洋一郎
アルコール問答　なだいなだ
日本の美林　井原俊一
現代の感染症　相川正道・永倉貢一
脳と神経内科　小長谷正明
神経内科　小長谷正明
脳を育てる　高木貞敬
血圧の話　尾前照雄
ブナの森を楽しむ　西口親雄
ヒトの遺伝　中込弥男
老化とは何か　今堀和友
タバコはなぜやめられないか　宮里勝政
腸は考える　藤田恒夫
痛みとのたたかい　尾山力
生物進化を考える　木村資生
イワナの謎を追う　石城謙吉
DNAと遺伝情報　三浦謹一郎
リハビリテーション　砂原茂一
腸内細菌の話　光岡知足
放射線と人間　舘野之男
脳の話　時実利彦
人間であること　時実利彦
人間はどこまで動物か　A・ポルトマン　高木正孝訳
栽培植物と農耕の起源　中尾佐助
私憤から公憤へ　吉原賢二